明仔玩军事 百科图解

军用车辆

瀚鼎文化工作室◎编著

航空工业出版社
北京

内 容 提 要

军用车辆是现代战争的基础装备，他们登上历史舞台的时间虽短，却已取得了巨大的进步，成为现代战场不可或缺的力量。本书将带你领略各国军用车辆的演变与魅力，对各种军用车辆的功能进行了详尽讲解，军用车辆的发展史更是近代战场变化的缩影。全书内容通俗易懂，资料翔实，并配有大量精美图片，适合青少年和广大军事爱好者参考阅读。

图书在版编目（CIP）数据

百科图解军用车辆 / 瀚鼎文化工作室编著. -- 北京：航空工业出版社，2017.7

ISBN 978-7-5165-1232-6

Ⅰ. ①百… Ⅱ. ①瀚… Ⅲ. ①军用车辆－世界－图解 Ⅳ. ①E923-64

中国版本图书馆 CIP 数据核字（2017）第 150190 号

百科图解军用车辆

Baike Tujie Junyong Cheliang

航空工业出版社出版发行

（北京市朝阳区北苑 2 号院　100012）

发行部电话：010-84936597　010-84936343

北京世汉凌云印刷有限公司印刷　　全国各地新华书店经售

2017 年 7 月第 1 版　　2017 年 7 月第 1 次印刷

开本：710×1000　1/16　　印张：11.5　　字数：204 千字

印数：1—5000　　定价：32.80 元

（凡购买本社图书，如有印装质量问题，可与发行部联系调换）

前 言

当内燃机被发明之后，以内燃机推动的车辆逐渐开始在各方面替代人们使用了数千年的骡马。军用领域，从第一次世界大战开始，使用内燃机驱动的机械化车辆逐渐流行。到两次世界大战之间，一些工业先进国家已经建立起了成规模的使用车辆的机械化部队，军用车辆这一特殊的车辆类别也在这一时期逐渐发展和完善。第二次世界大战以后，各国军队的现代化水平迅速提高，军用车辆已经完全取代了骡马成为战略战术运输、机动的主要工具，同时也可以直接参与作战，负责牵引火炮、运输和发射导弹等。

现代战争中，军用车辆是军队机动能力的重要组成部分，是确保军队战斗和后勤的基础。要赢得战争，没有大规模、多类型、高性能的军用车辆是不可能的。

在许多以战争为题材的影视作品中经常会出现各式各样的新型武器，但经过后期效果渲染，往往会呈现出有别真实情况的战斗场景，对观众起到一定的误导作用。军用车辆究竟速度有多快？可载重多少？在哪种地形驾驶最为有利？这些令人疑惑的问题，在本书中都能得到解答。本书精选了国内外大量知名的军用车辆编辑成册，详细地介绍了其外形、性能、战斗力等多方面知识，给予读者正确的引导。

朗仔玩军事

目录

CONTENTS

目录

CONTENTS

第一章

基础知识

军用车辆和民用车辆有什么不同

军用车辆指的是被列入军队装备体制的各种类型的汽车、摩托车、步兵战车等机动车辆。通常来说，一辆车一经编入军队且为军队服务，那么这辆车就成为了一辆军车。也就是说，有一辆没有经过任何改装的厂家原产车，如果给它一个军队的编制，那么这辆车也就成为了一辆军车。从这一点来看，民用车辆和军用车辆最显著的差异就在于是否被列入了军队编制。

那么，是不是所有的民用车都能直接被军队采用呢？答案显然是否定的。大多数民用车辆都有着自己特定的用途和极具针对性的市场需要，车辆在设计生产过程中也都遵守着这一前提。这样一来，导致了民用车辆在性能方面良莠不齐，甚至同样类型的车辆，在市场上的销售价格有十倍、数十倍的差异。这种价格的差异很大程度表现在了车辆的性能上。

当然，并非说越贵的车就越能满足军用车辆的需求。豪华轿车和跑车可以算得上是民用车辆中价格最高的类型了，但是，这类车辆的定位本身就在于“豪华”。越是豪华的车辆，越能带给驾驶者和乘坐者更加舒适、安静的乘车环境，这一点显然与军用车辆是相悖的。军用车辆和其他军用品一样，首要考虑的因素是简单可靠，而不是豪华与否。

目前，各国的军用车辆大多是汽车厂商针对军队特殊的使用环境、使用强度和作战需要专门定制的。一般相比于民用车辆的改动在于车门、发动机、变速箱、底盘、传动轴、车窗玻璃、缓冲装置上，这些部分本身比较脆弱，故分别改为使用更高强度的材料制造，对这些部位进行加强。

此外，军用车辆格外强调越野能力，无论是用来运输的卡车或是用来乘坐的越野车，都具备在恶劣路段和野外地形行驶的能力。相比之下，民用车大都不具备这一能力，仅有一些来源于军用车辆的民用越野车能够在这方面和军用车辆媲美。

什么是军用车辆

军用车辆就是指所有被列入了军队编制的车辆

军用车辆的特点

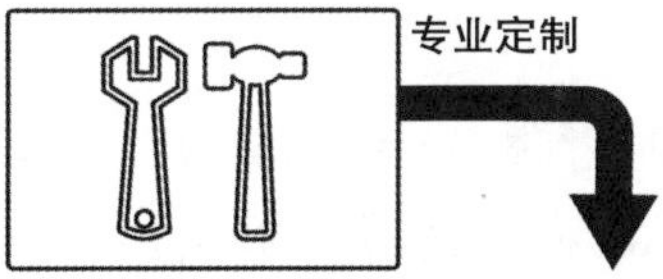

① 底盘高，便于越野
② 强化轮胎，有的采用了免充气轮胎
③ 强化的减振装置
④ 加厚的车身，有的覆盖有装甲板
⑤ 车辆结构力求简单可靠

军用车辆的类别

军用车辆和日常见到的民用车辆一样，需要多种用途的车辆才能满足需要。军用车辆中大多数都属于物资运输车，用来为前线运送物资和人员。这类汽车主要由卡车构成，另外还有一些中小型越野车会用于特定情况下的物资运输。

不仅如此，军用车辆还有一些用途比较特殊的车辆，如牵引车、越野车、工程车、医疗车、炊事车以及作为武器搭载平台使用的东西等。

·牵引车

牵引车是用来牵引火炮、雷达和指挥仪等大型装备的汽车。像火炮这类武器装备，虽然本身都装有轮子，但没有动力，自己动不了，需要用汽车拖着走，这就使牵引车应运而生。和火炮不同，导弹不可能像大炮那样给它们安装上轮子让牵引车拖着行驶，只能对牵引车进行改装，使之成为专门的导弹运载车。

不仅如此，就连能够自己行驶的坦克或者装甲战车，很多时候也要依靠牵引车运输，这类牵引车称为坦克运载车。这是因为坦克本身重量很重，如果长期依靠履带行驶的话，对传动装置和履带负荷很大，很容易出现故障。使用牵引车运输能保证坦克在长途行军后能立即投入战斗。通常每辆坦克都有一辆运载车。

·越野车

军用汽车大都具有一定的越野能力。也就是说，所有的军用汽车都能在质量很差的路面上行驶。但是，很多战场地区根本没有路，这种情况下对车辆的越野能力要求更高，若是把所有军用车辆都改装成能适应这种环境的话，显然并不现实。因此，为了满足作战的需要，出现了一种越野能力更强的军用车辆，它就是通常所说的军用越野车。

专门研制的军用越野车在第二次世界大战中就已经出现，当时由威利斯研制的吉普车几乎成为了轻型越野车的代名词。第二次世界大战期间吉普车发挥其多用途功能，包括运输、侦察和作为机枪火力平台，除了美军自用外还军援给英国、苏联和中国，因此不论在欧洲城市、北非沙漠、太平洋小岛甚至中国村镇，都可以见到吉普车。

在吉普车的基础上，发展出了“高机动多用途轮式车”，也就是俗称的悍马汽车。

牵引车

用来牵引火炮、雷达和指挥仪等大型装备。

越野车

担任战场通信、指挥、轻量运输。

军用车辆的类别

高机动多用途轮式车，从“高机动”就可看出它具有跑得快而且灵活机动的特点。实际情况也是这样，它行驶的最高速度可达 96 km/h。不仅如此，它从静止不动加速到 48 km/h，仅需 6 ~ 8 秒钟；它的载重量也不小，约为 1250 kg。

现在许多军用越野车为了提高越野能力，逐渐采用了 6 轮、8 轮设计，这类车辆载重量更大，在山地、战场等恶劣环境中可以当作小型运输车辆或者牵引车使用。

· 工程车

战场是交战双方博弈的场所，为了获取胜利，交战双方会想尽办法提升己方的优势或者削弱敌方，在战场上设置各种障碍或者修筑堡垒是最常见的手段。从古代战争到第一次世界大战，战场上的这些任务几乎全靠人力来完成。后来，由于汽车和内燃机问世，人们逐渐制造出各种工程机械。为了适应战场上的需要，这些工程机械很多需要用专门的车辆运载，这类车辆就是工程车。

在第二次世界大战中，工程车得到了使用，并开始受到军事家们的重视。战争结束以后，各国更积极地研制适合不同需要的工程车。于是，就相继出现了挖壕车、架桥车、布雷车、筑路工程车和修理工程车等许多性能优良的工程车，并已装备部队使用。

像挖壕车，在作战中专门用来挖战壕或者防坦克壕，一小时就能挖近 1 m 宽、2 m 深、300 m 长的战壕，相当于二三百人连续挖 3 ~ 4 小时的工作量。布雷车则是在汽车内装载大量地雷，利用车上发动机带动布雷器上的犁开出一条雷沟，随后每隔一定距离布下一个地雷，然后布雷器上的两个圆盘形“耙”和拖链把土层覆盖在地雷上，并将地面弄平整。如果用几辆布雷车同时布雷，很快就可形成一个地雷带，大大提高了布雷速度。

· 医疗车

在汽车问世不久的第一次世界大战中，汽车就被用来进行医疗救护。这种车上，医疗设备比较齐全，有输氧、输液等急救设备和药品、器械等，并配有联络用的电台。一旦有士兵出现紧急伤情，医疗车能够第一时间收到信息，并且迅速赶赴现场，对士兵进行有效的急救和治疗，大为降低了战场上的死亡率。

工程车

用于修筑工事、架桥、排雷等类型的车辆。

医疗车

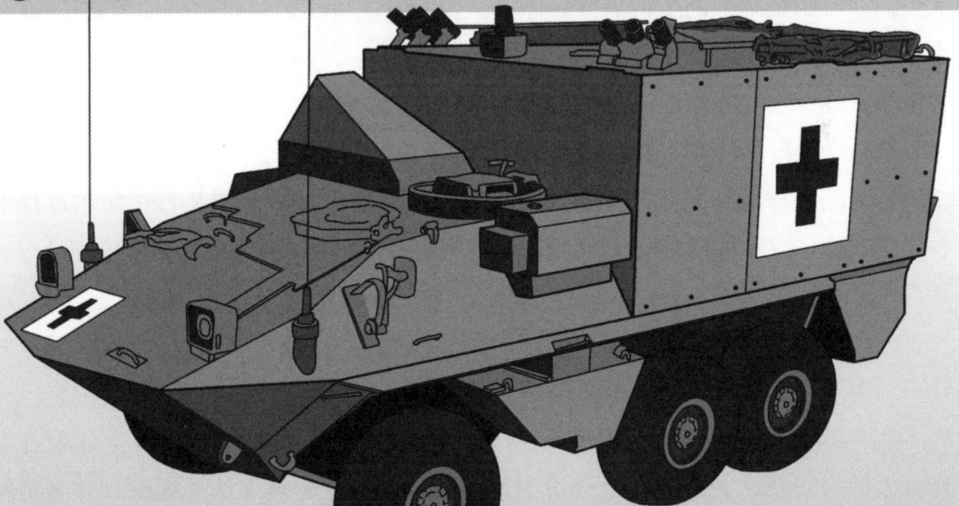

医疗车，也就是军用版救护车。

军用车辆的类别

现在很多国家已建立了各种由医疗车组成的流动医院，以适应战场流动性大和使伤员及时得到治疗的需要。医疗车还分为配有全套手术机械和手术台的手术车，配有各种化验设备的化验车以及药品齐全的药剂车等。另外，还配备有篷和折叠床，随时可收治伤员。

·炊事车

炊事车问世之前，战场上一直是采用“埋锅做饭”的老办法。这样就会使部队耽误较长的时间。有时情况紧急，就顾不上做饭、吃饭，影响部队的作战，甚至还会失去战机，造成不应有的损失。

炊事车是野战条件下加工烹制膳食的专用车辆，多采用半拖挂车。它伴随部队向战场士兵提供热食保障，特别是能通过煎、炒、烹、炸提供各种美味食品。因此，它有着流动的“军中美食城”的美誉。

炊事车在行军途中就可以完成许多烹调前的准备工作。车停下来后，很短时间便可供应热菜、热汤和其他主食，达到了既快又好的要求。一个连队配备一辆野战炊事车，即可满足全连的生活需要。还有一种野战面包车，每小时可加工制作 50 多千克的面包、糕点或烤饼。

·战场修理车

战场上的各种武器装备并不是完全可靠的，总会有一些武器装备在使用过程中突然出现故障。如果在战斗中大量损坏的枪、炮等武器装备得不到及时修理和补充，无疑会严重降低战斗力。

在战场上进行修理，就得有工具、设备、仪表等，而且要做到仗打到哪里，修理就跟到哪里。于是，各种各样的修理工程车就在军营里纷纷出现了，其中有坦克修理工程车、火炮修理工程车、雷达修理工程车等。有些国家的机械化师配备有七八百人的修理营，装备有几十台不同用途的修理车，能修理从手枪到直升飞机的各种武器装备，相当于一座移动的修理工厂。

像这些具有专门用途的军用车辆大多被部署在前线，实际上后方的很多车辆也都属于军用车辆，不过，由于它们在后方所承担的任务和民间车辆并没有什么区别，因此大多会直接选择民用车担当。

炊事车

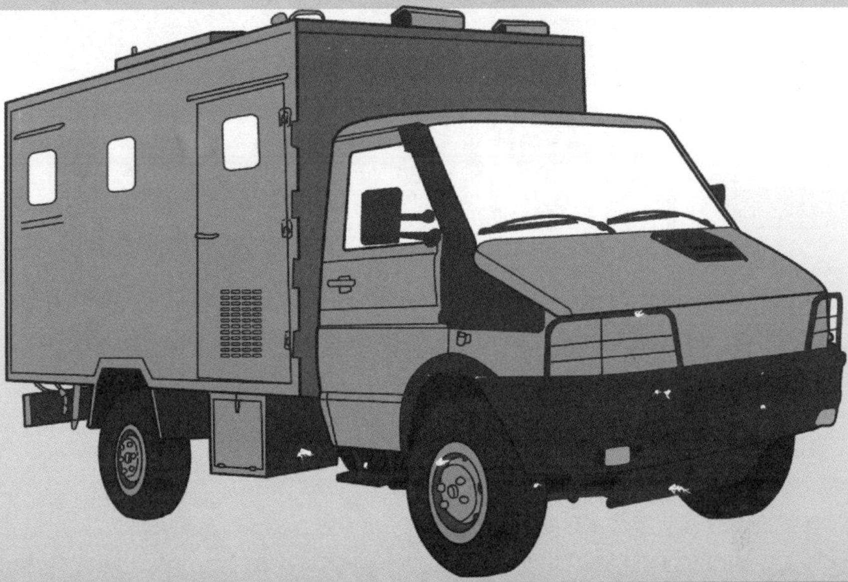

战场上的移动厨房。

战场修理车

专门负责修理其他车辆的车辆。

世界上第一辆汽车是三轮的

虽然汽车在20世纪的第一次世界大战中就已经开始被军方使用，但当时已经距离汽车问世过去了几十年，世界上第一辆汽车在19世纪就已经被发明出来，人们对汽车的尝试则要追溯到更久远以前。

最早的汽车雏形出现于1769年，当时法国人N.J.居纽制造了用煤气燃烧产生蒸汽驱动的三轮汽车。虽然这种车的时速仅4 km/h，而且每15分钟就要停车向锅炉加煤，非常麻烦。后来这辆汽车在一次行进中撞到墙上，碰得支离破碎。这辆汽车显然并不实用，但却为后来人们研制汽车提供了一些思路。

1885年，德国人卡尔·本茨试制了一台单缸四冲程汽油机，并安装在由钢管和木板构成的三轮车架上。这辆三轮车采用了钢质条幅轮圈和实心橡胶轮胎，转向则是采用转动式手柄并且通过齿轮转递至前轮来完成的，通过传动带机构和链条来驱动后轮。在两个后轮之间装备了一台排量为0.954 L的单缸四冲程风冷汽油发动机，产生的动力靠齿轮和链条传给装有差速器的后轴，行驶方向靠操纵杆控制，最大功率为0.66 kW，最高时速为16 km/h。在车架和车轴间还有钢板弹簧悬架，可提高乘坐的舒适感。

1886年1月29日，42岁的卡尔·本茨在围观人群的簇拥下来到德国专利局申请专利，人类史上第一辆真正的汽车正式诞生，这一天也被确定为汽车的诞生日。

卡尔·本茨发明的汽车最初并没有作为商品销售，因为当时人们仍然认为马车才是最好的运输工具，这也令卡尔·本茨非常灰心。他的妻子贝莎·本茨一直是他发明事业的支持者，他仍然在不断改进他的发明。在制造出Mode 1车型后，又改进原来的设计，制造出Mode 2车型。这仍然是一辆只有三个轮子的汽车，但它的轮子、动力和车身结构都有了明显的改进。1888年8月的一天，贝莎决定第一个尝试驾驶丈夫发明的汽车进行一次旅行。她带着她的两个孩子从曼海姆出发，回普福尔茨海姆的娘家，成功往返行驶了大约200 km，她成了世界上第一位驾驶汽车旅行的人。她的这次尝试和成功，极大地鼓舞了她的丈夫卡尔·本茨。

奔驰一号汽车

发动机功率：0.66 kW
最高速度：16 km/h

作为发明汽车的人，卡尔·本茨还发明了什么？

两冲程发动机

加速器系统、电池打火系统

火星塞、汽化器、离合器

变速挡、水散热器

发明汽车

早期军用车辆就是民用车吗

汽车首次被运用于军事行动是 1891 年的意土战争，但当时汽车发展刚刚起步，零星的运用也不能体现出汽车用于战场的优势。到第一次世界大战爆发的时候，汽车已经逐渐发展成熟，各种类型的汽车也都已经被推向市场。不过，当时还没有专门研制的军用汽车，军队使用的汽车也就是直接采购的民用汽车。

第一次世界大战中，曾有过汽车被大量用于人员和军用物资运输的成功案例。1914 年 8 月 4 日，德国开辟西部战线，横扫比利时并希望在俄国全面调兵到东部以前击败法国。德军的“施利芬计划”计划在几个星期内打进巴黎，法国似乎败局已定。1914 年 9 月 6 日，德军距离巴黎东北仅几十千米。驻巴黎法军指挥官约瑟夫・加列尼两天内征调巴黎的出租车，将前线败退下来的士兵重新送往前线，这一命令被列入全国动员令的一部分。当时“马恩河出租车”主要车型是雷诺 AG1，时速 25 km/h。车队大约有 1100 辆出租车，每辆汽车挤进 5 个士兵，是“人类历史上汽车第一次被用于战场”，一般也被视作人类历史上第一次摩托化行军。

到 1916 年的凡尔登战役时，军队已经拥有了相当数量的汽车，不再需要依靠出租车这种民用车。这次战役前期，德军猛攻凡尔登，一度完全掌握了战场局势。但是，由于法军第 33 团的顽强抵抗，再加上当时天降大雪，德军的进攻受阻，为法国调集援兵提供了时间。法军利用唯一一条与后方保持联系的巴勒迪克 – 凡尔登公路向凡尔登运送人员补给，一周内组织 3900 辆卡车，运送 190000 人和 25000 吨物资，这是人类战史上首次大规模的汽车运输。法军的大批援军及时赶到，加强了纵深防御，扭转了战役开始阶段的不利局面，使战役陷入拉锯战。

当时这些汽车直接来自民用车辆，性能、越野能力、牵引能力等都制约了在战场中的运用，第一次世界大战结束后，汽车在战争中的潜力受到重视，人们开始研制专门的军用汽车。

雷诺 AG1 型汽车

雷诺 AG1 型汽车，大名鼎鼎的“马恩河出租车”就是这一型号

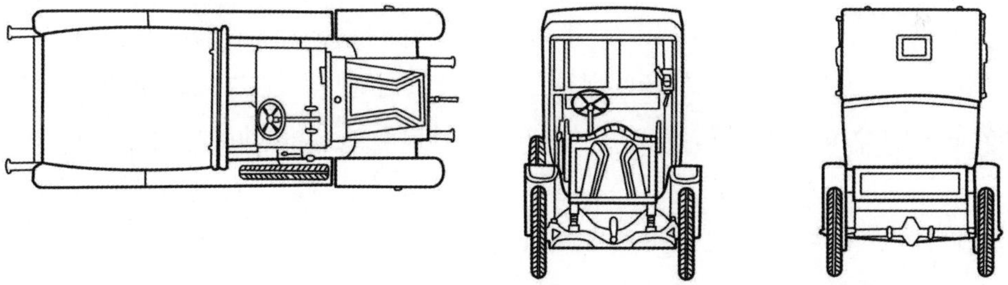

1886 年，汽车诞生

1888 年，汽车开始商用

1891 年，意土战争中出现汽车

1914 年，雷诺 AG1 型汽车在马恩河战役中运送士兵

1916 年，凡尔登战役中出现首次大规模汽车运输

军用车辆的首要考虑因素是什么

当人们选购一辆私家车的时候，会考虑价位、乘坐人数、颜色、品牌、耗油量等各种因素，这一切都是为了选择一辆适合自己的汽车。军用车辆和民用车辆一样，最重要的因素也是“适合”，但军用车辆的“适合”就不像民用车辆那么简单了。

一般来说，价位、颜色、耗油量、品牌这些因素对军方选择车辆影响不大，军方更看重的是车辆的行驶性能，而且仅仅在正常环境下所表现出来的性能是远远不够的。

军用车辆要跟随军队南征北战，所经过的环境不尽相同，从严寒的极地到酷热的沙漠，同一辆军车必须得完全适应这样极端的环境。以我国军方采用的东风猛士越野车为例，在零下 41 摄氏度的严寒地带，一辆被放置了一夜的猛士需要在 45 分钟内启动发动机，并且军方给出的标准只有三次打火机会。而在气温高达 40 多摄氏度的热带，又需要对发动机制冷以保证其正常工作。通常军车在发动机舱设计中必须加入强力的冷却风扇装置，以解决大功率发动机高速运转时的冷却问题。

空气稀薄的高海拔是很多车辆的噩梦，军用越野车通常会对发动机进行特殊设计，通过增压等多种方式把发动机因缺氧受到的动力影响降至最低。通常军用越野车能承受的海拔高度标准都在 4500 m 左右，甚至更高。

防水对军用车辆来说也是必要的，虽然仅仅供几个人乘坐的越野车在军车中属于小型车辆，但它的涉水能力通常达到了 1 m 左右。

要适应类似这样的野外环境，车身结构也得十分坚固才行。军车往往采用强度更高的材料，并有更高的装配标准。同时，车身的防弹性能也是必不可少的。

军用车辆并不会过多考虑人性化的舒适性配置，重视简单可靠，所以纯粹的机械结构的分动器和变速器才是最简单有效的越野传动系统，仪表台上也没有多余的功能。

军用车辆注重的因素

相比民用车辆，军用车更看重的是性能方面的优势，和民用车辆会考虑颜色、价格等因素完全不同。

军车的性能如何

而且，军用车辆的性能不仅局限于此，还有很多惊人的表现，比如依靠手刹就够停在 60° 的斜坡上，民用车辆的这一数据通常是 18° 。

所谓的全轮驱动是什么

汽车的驱动形式一般有以下几种：前置后驱、前置前驱、后置后驱、中置后驱、四轮驱动。所谓全轮驱动，就是四轮驱动，是指汽车前后轮都有动力。全轮驱动一般用 4×4 或 4WD 来表示，如果一辆车上标有上述字样，那就表示该车辆拥有全轮驱动的功能。

全轮驱动这种布置形式，由于全部车轮都是驱动轮，充分利用了汽车的全部附着质量，因此汽车有较大的驱动力和克服障碍、防止打滑的能力。所以，越野汽车一般都采用这种布置形式。

全轮驱动分两种形式：一种是全时全轮驱动，即全部时间都是全轮驱动；另一种是适时全轮驱动，它可以切断某个桥的动力，以减少燃料消耗和磨损，只在需要时使用全轮驱动。

全时全轮驱动是不论在任何路况下都能够以四个车轮驱动的系统，全时全轮驱动车型需要配有三个差速器，没有驱动模式的切换装置，在前后驱动桥之间多配置了一组中央差速器，以避免全时全轮驱动车辆转弯时由于前后驱动桥的转速差而导致磨损轮胎的问题。装备全时全轮驱动的车除了军用车辆以外，多为高级全尺寸越野车、豪华轿车、跑车等车型。

适时全轮驱动的车辆一般均搭配两个差速器，并于传动轴配置一组离合器或加力箱，有手动的驱动模式切换装置。在一般路况下行驶时分开传动轴，只用前轮或后轮来驱动，如遇上极差路况，则结合传动轴使四个轮胎同步驱动，提高车辆的越野能力。

专门制造的军用车辆非常注重越野能力，因此，这些军用车辆都采用了全时全轮驱动的形式。

SH-AWD（主动循迹四轮驱动系统）

由本田（HONDA）公司所开发的四轮驱动系统，能控制前后左右的动力

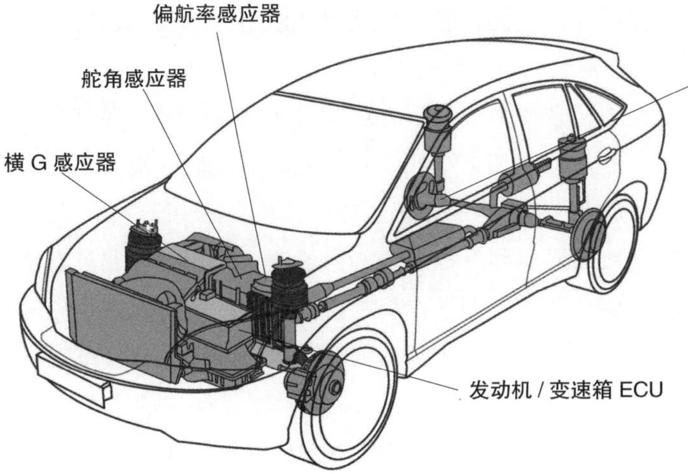

SH-AWD 四驱系统的结构。最大的特征是，比起之前的一些四驱系统的动力分配只有前后轮方向，现在左右后轮的动力也可以变化了。

控制动力示意图

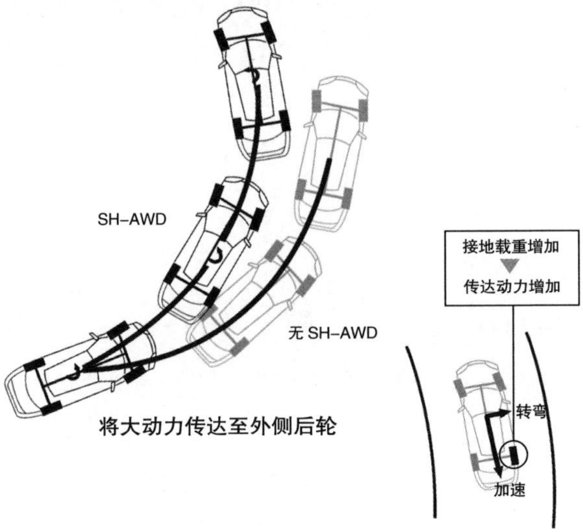

将大动力传达至外侧后轮

因为分配到左右后轮的动力可以连续变化，可减少车子超出驾驶者预料的外侧所导致的偏向现象。

分配前轮、后轮动力示意图

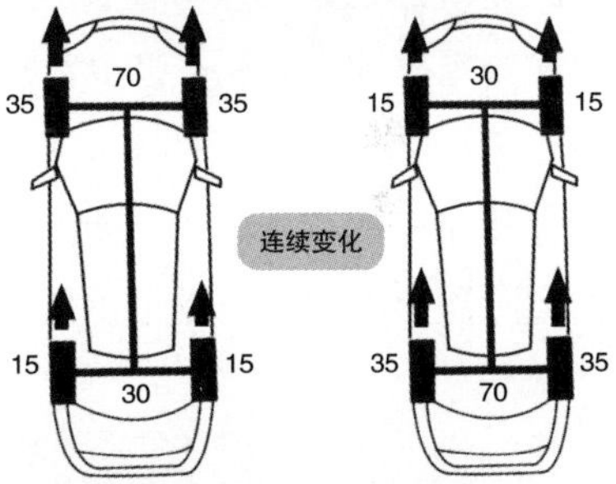

前后轮的动力在 70:30 ~ 30:70 的范围内可连续变化

操控后轮左右动力示意图

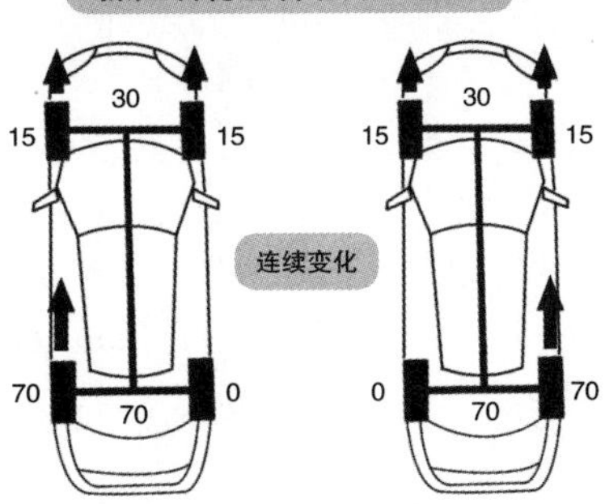

被分配的后轮的动力，能在 100:0 ~ 0:100 的范围内再分配到左右并做连续变化

全轮驱动有什么优点

全轮驱动得到重视的原因就是它能在恶劣的路面环境下保证汽车拥有足够的牵引力。现如今，这个理念已经发展到包括普通干燥路面在内的各种路面。

由四个车轮负责传输动力，全驱车的牵引力表现自然不在话下，尤其是在附着力低的湿滑路面。当前驱车和后驱车还在小心翼翼地避免驱动轮打滑，全驱车已经大踏步地前进。即使在雨天高速入弯，全驱车仍然能保持相当的稳定性。

在干燥路面上，拥有相近的底盘和悬挂系统的两辆车，全驱比两驱具有更高的过弯极限。在很多时候，全驱车都给人四平八稳的操控感觉。通过对前后轮驱动力分配比例的调整，厂家可以令一款全驱车表现出前驱或者后驱的个性，既有易控的一面又有追求操控的一面。

但是，全轮驱动也并非完美的，它还是有不少缺点。全驱车的传动系统复杂，生产成本偏高。由于全驱系统增加车重，且其动力损耗较大，导致油耗上升，小排量发动机配全驱更是得不偿失。此外，在维修保养上，全驱车也将花费更多金钱和时间。这些都是全驱不能在乘用车尤其是普通家用车领域普及的原因。另外，因为全驱系统的复杂程度和重量上升，对追求极致操控性能的超级跑车是弊大于利，所以在跑车领域，全驱也是少数派。在驾驶乐趣一环上，因为全驱车偏于稳重的特点，也令不少人认为，后驱车更有操控乐趣，更好玩。所以，虽然生产全驱车的厂家大力宣扬全驱的优势，在一些特定环境全驱也是“必需品”，但从大多数汽车使用者的实际需要出发，全驱车仍然是非主流的选择。

家用汽车中常见的前轮驱动有什么优点?

前轮驱动系统是如今家用汽车中应用最为广泛的。它可以降低轿车的成本，前轮驱动没有通过驾驶舱下面的驱动轴，也不用制造后桥壳，变速器和差速器被装配在一个壳体中，这样所需的零部件就更少。这种前轮驱动系统还可以让设计者更方便地在汽车底部安装其他部件，比如制动系统、燃油供给系统和排气系统。

全轮驱动的优点

全轮驱动车辆抓地能力更强，高速入弯时稳定性更高，过弯半径比较小。

全轮驱动的缺点

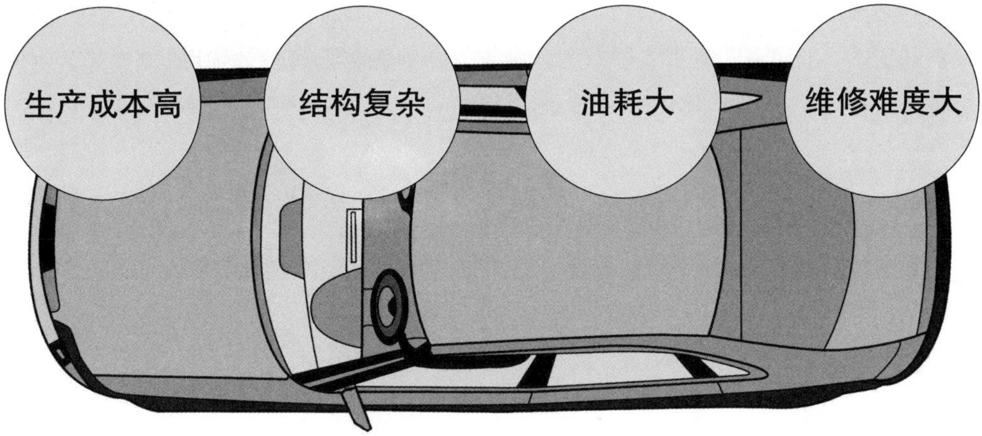

半履带车辆为什么盛行一时

半履带车是一种混合传动形态的车辆，最常见的混合方式是以履带和车轮并存。第二次世界大战期间是使用半履带车辆的高峰时期，像德国与美国都曾经生产数量众多的半履带车辆担任运输或者是作战任务。这些车辆的共通点是前方采用车轮，后方则是履带推进的部分，德国曾经试制过机车型态的半履带车辆。除了提升越野与载重能力之外，这些半履带车的驾驶方式与一般大卡车接近。

半履带车的设计是针对早期履带与车轮两种传动系统的缺点。履带车辆的越野能力较好，但是乘载重量受到限制，同时履带的寿命比较短，尤其在越野的环境下损耗严重。生产成本上，履带也比轮型车辆要高。而轮式车辆的寿命虽然高于履带，同时轮型车辆能够搭载的重量较高，可是当时使用车轮的车辆在高乘载重量时所能够通过的地形非常有限，越野能力相当脆弱，并且在恶劣天候下的行走能力远不如履带车辆。因此，这种集履带和轮式于一体的半履带车辆在第二次世界大战期间盛行一时。

当时使用比较多的是德国的 Sd.Kfz. 251 半履带车和美国的 M2、M3 半履带车。相比之下，Sd.Kfz. 251 半履带车的结构设计不如美国的 M2、M3 成熟，整体结构比较复杂，后续的维修和保养都比较麻烦，战场上有相当一部分 Sd.Kfz. 251 半履带车是因为机械故障被丢弃的。其前轮不具备动力，也无刹车功能，只负责转向导向，转向依赖后履带的“转速差”。而同期美国的 M3A4 型半履带车前轮拥有动力和刹车，功率也比 Sd.Kfz. 251 型大 40%。

半履带车造价并未像设计者预期的那样大幅度低于全履带车，机动能力也并未像设计者预期那样大幅优于轮式车辆，总体而言，半履带车与其说综合履带与轮式车辆的优点，不如说同时具备了双方的缺点。战争结束后，随着轮式车辆性能的提升，半履带车被淘汰了。

半履带车的优点

VS

履带车辆	承载能力更强
轮式车辆	越野性能更好

M3 半履带车

总重：9.3 t
全长：6.18 m
宽度：2.22 m
全高：2.26 m
操作人数：13 人

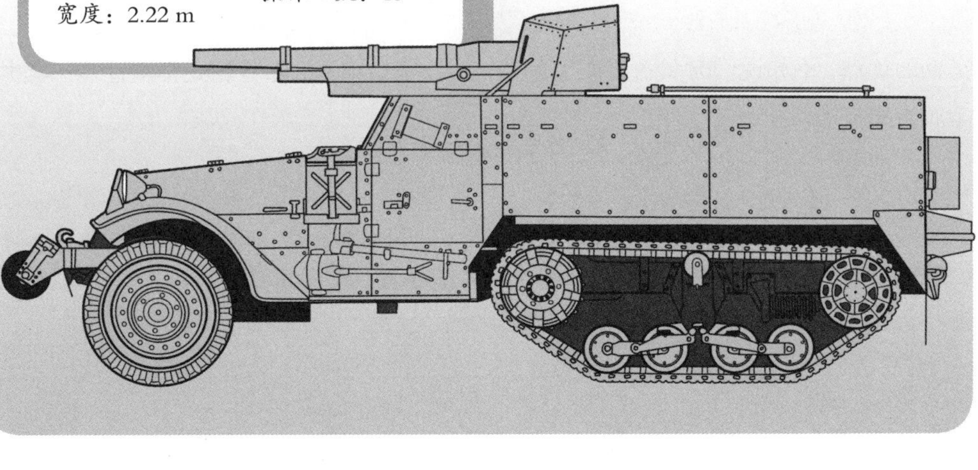

吉普车是始于军用车辆吗

虽然吉普如今在民用市场上赢得了极大的知名度，但它诞生之时可是纯粹的军用车辆。1939年第二次世界大战在欧洲战场爆发，德军在欧洲进行机械化的闪电战，美国军方也开始发展自己的军用车辆，由班塔姆汽车厂交出其BRC-40吉普车被美军看中。但是，班塔姆却无大量生产的能力，于是其设计分别交给威利斯和福特生产，威利斯生产的被称为威利斯MA，而福特生产的叫福特GPA。威利斯又对其作出改良而成为吉普车最终的设计，也就是威利斯MB轻型越野车。原本称此种车为General Purpose，即多用途之意，后来由缩写“GP”变成“Jeep”，中文译为吉普。

第二次世界大战结束后，美国军队陆续自欧洲大陆撤退至本土。但他们使用的大量装备并不能运回，于是大多在当地处理，包括数量庞大的吉普车。当地居民以使用吉普车为乐，于是开始将它应用在日常工作上，吉普车以其优异的耐用性及可靠度，帮助人们重新建立起自己的家园。

从1941年7月23日至今，吉普品牌一直象征着真正的四轮驱动性能、创新技术和持续改进。60多年前，吉普通过威利斯开创了四轮驱动细分市场，并在1983年以其四门四轮驱动Jeep切诺基开辟了紧凑型运动型多用途车的蓬勃发展之路。

如今，吉普车依然与第一辆威利斯吉普车血脉相连。“Jeep”也在1950年注册为国际性商标，已经成为全球最著名的消费品牌之一，并且已经成为越野性能的国际代名词。在过去60多年中，吉普品牌已经建立了粗犷、多功能和真正四轮驱动动力的声誉。不仅在军用领域，而且在像耕种、恶劣路况运输和自然灾害救援等各个领域，吉普也始终占据主导地位。

北京212吉普车和威利斯有关系吗？

20世纪60年代到90年代，北京212吉普车是我国最畅销的车型，累计生产了60万量。但是，它和威利斯吉普并没有直接联系。北京212吉普车的问世源于苏联的GAZ（嘎斯）吉普，而并非威利斯吉普。

威利斯 MB 轻型越野车

长度：6.02 m
宽度：2.36 m
高度：2.10 m（含顶篷）
最高速度：85 km/h
乘员：4 人

吉普牧马人

吉普推出的顶级民用越野车型。

被称为“越野之王”的军车是哪一款

20世纪80年代，美军采用了一种高机动性多用途轮式车辆（High Mobility Multipurpose Wheeled Vehicle，缩写为HMMWV），也就是我们所说的悍马军用车。悍马不仅仅是一款军用越野车，除了运送人员外，还可以承担架设机枪、救护伤员、发射导弹等老吉普车无法担当的军事任务。

1989年12月，美国为维护在巴拿马运河区的利益，对巴拿马发起攻击时，初次使用悍马参战。之后，悍马衍生出15种以上功能不尽相同的车型，将过去原本不同品牌、不同底盘和不同用途的车辆予以取代，全部统一归纳到悍马的底盘基础上，不但使保养维修更方便，而且大大提高了车辆的越野性能。

悍马在美军的军事地位上担当举足轻重的角色，同时由于悍马要配合军事作战方面不同的功能需求与环境需要，满足军队所指派的任务及性质，促使悍马产生各类不同的型号与功能的多用途车辆。

悍马参加的第一次大规模战争是1991年的海湾战争。这次战争中，悍马在中亚沙漠地区的表现令人震惊，它几乎能够在沙漠中如履平地。海湾战争过后，美国五角大楼曾公布了一份标题为《海湾战争的胜利》的报告，其结尾对悍马赞誉有加，并评价：“悍马满足了一切要求，或者说超越我们的要求，显示出极佳的越野能力与机动能力，其可运用性超过陆军的基本标准，达到90%的优异标准。悍马具有很高效率的载重能力，对美军来说也是绝对的保证。”

在美军采用了悍马之后，世界上其他数十个国家和地区纷纷从美国购买悍马，悍马汽车一度为美国创造了大量外汇。在悍马服役后的二三十年间，世界上没有任何一款军用车辆能再如它这样在世界范围内被如此大规模地使用。时至今日，虽然在美军的评估中，悍马已经落后并逐渐被其他新型多用途车辆取代，但实际上包括美军在内的许多军队中都还有大量悍马在服役。

“越野之王”——悍马

总重：2340 kg（未加武器）　　全高：1.8 m

全长：4.6 m　　操作人数：2 车员 +4 步兵

宽度：2.1 m　　越野速度：96 km/h

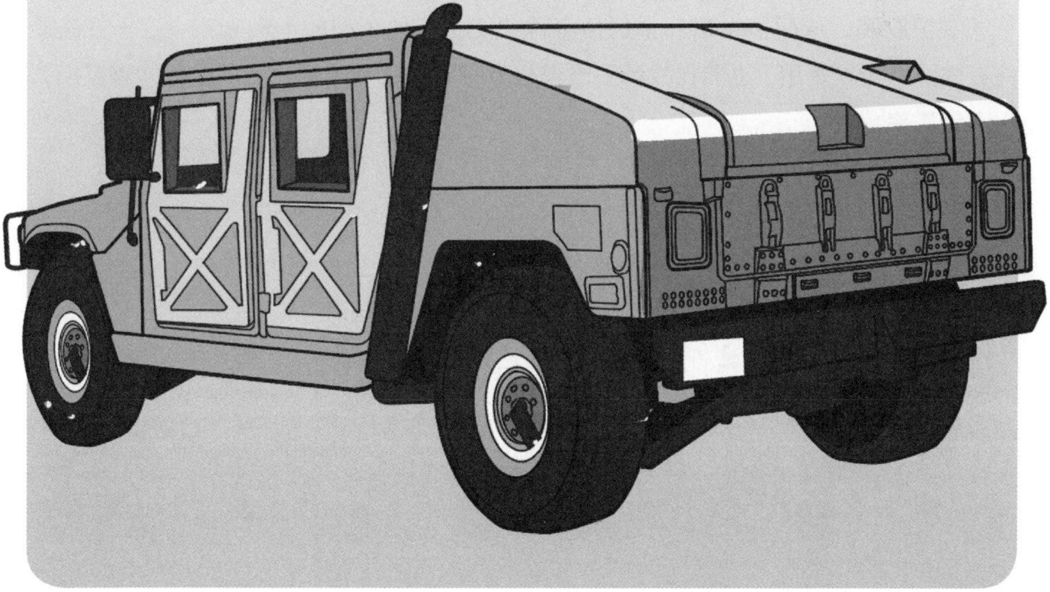

多用途车的用途有哪些

威利斯吉普车可能是最早被称为多用途车辆的军用汽车。第二次世界大战中，它随着美军参战并发挥其多用途功能，如同其 GP 的称呼是多用途的含义一般，除了能拉动火炮外，还能作为侦察、传令、参谋联络用车甚至救护车等使用，吉普车也能加上机枪和无后坐力炮而成为流动火力平台，战时甚至有指挥官用其平整的车头盖作为桌子把地图等放在上面。吉普车除了美军自用外，还军援到英国、法国、苏联和中国等国家。而由于吉普车可用 C–46 运输机空运，在抗日战争期间有 6984 辆吉普车经驼峰航线运抵中国大后方，因此不论在欧洲城市、北非沙漠、太平洋小岛还是中国村镇，都可以见到吉普车。

悍马是美军在吉普车之后又一次大规模采用的多用途车。它不仅是一款越野车，还衍生出了雷达车、导弹发射车、医疗车、指挥车、巡逻车等多种车型。

除了美军之外，其他国家也都在发展军用多用途车。比如英国的多用途作战车辆系统，依维柯公司推出的军用型 4×4 轻型多用途车，法国标致公司生产的 P4 军用多用途车等。

多用途车与以前陆军使用的越野车相比，不但越野性能丝毫不落下风，而且同时具备了更好的兼容性，往往能够作为多款武器的搭载平台。因此，如今各国的主力越野车辆大多为多用途车辆，即设计生产出一个标准型号，然后在这个型号上进行大规模改装，从而衍生出一个包括多种功能、多种车型的车辆家族。这一做法既能有效降低研发费用，也能在战场上出现故障时确保所有车辆之间的零件能够互换，提高使用率。

家用多用途车有哪些用途?

家用多用途车就是通常所说的 MPV 车，这类车来源于以前欧洲流行的旅行轿车，后来又吸收了小型面包车的特点，成为一种能够容纳 7~8 人的舒适车型。简单来说，MPV 是同时具备了轿车和小型客车特点的家用车辆。

悍马的几种车型

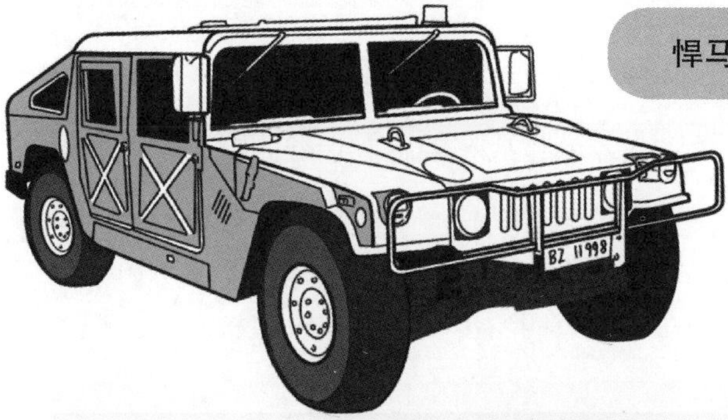

悍马标准型

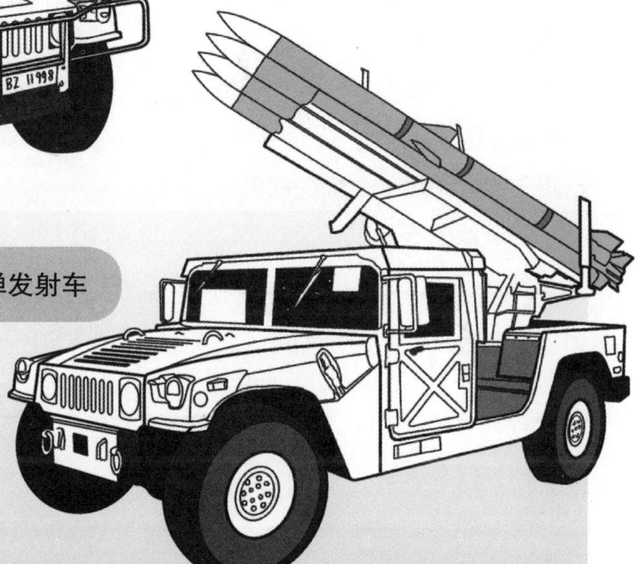

悍马导弹发射车

悍马雷达通信车

悍马医疗车

恐怖分子使用的武装改装车

在新闻中我们常常可以看到这样的画面：在非洲或者中东一些地区，许多恐怖分子会驾驶着看似民用汽车，却安装了大量武器的作战车辆耀武扬威。这些车辆实际就是他们以民用车作为平台经过改装而来的，通常把这类车辆称为“武装改装车”（Technical vehicle）。一般对武装改装车的定义是由民用车或非战斗用的军用车改装而成的武装载具，最通常的例子就是在卡车或四轮传动车上架设机枪、防空炮、反坦克炮、无后坐力炮等武器。

武装改装车及其称谓发源自20世纪90年代早期的索马里。由于当时索马里禁止从外界带入安保力量，许多非政府组织只能雇用当地武装来保护人员，而花销一般会用“技术支援补助金”（Technical assistance grants）的名义报账，因此“Technical”这个词逐渐被引申为指代那些驾驶改装车辆的当地武装人员，而他们驾驶的车辆则就被称为“Technical vehicle”。在南索马里，武装改装车被视为武力和强权最突出的象征，拥有武装改装车的数量多少往往被用来衡量一个军阀的武装实力。

随着恐怖主义的兴起，恐怖组织需要大量廉价的武器装备和无须经过专门培训的作战人员，因此这种从民用车改装而来的武装车辆受到了恐怖分子的青睐。操作难度上，使用武装改装车的难度几乎为零，甚至只需要一名会开民用车的驾驶员和一名会扣下扳机的射手，武装改装车就能形成战斗力。

一般来说，恐怖分子用来改装的车辆多选择皮卡，因为皮卡本身在民用车中就属于越野性能比较好的，加上其车厢拥有比较大的空间，能够安装比较大型的武器，如重机枪、迫击炮、火箭弹等。当然，除了皮卡之外，任何被加装其他武器的车辆也都可以成为武装改装车。值得注意的是，武装改装车不仅恐怖分子在使用，许多落后地区的政府军队由于采购成本的问题，也会使用一定数量的武装改装车。

武装改装车

武装改装车就是将民用车改装为近似军用车辆用途

民用 → 改装 → 军用

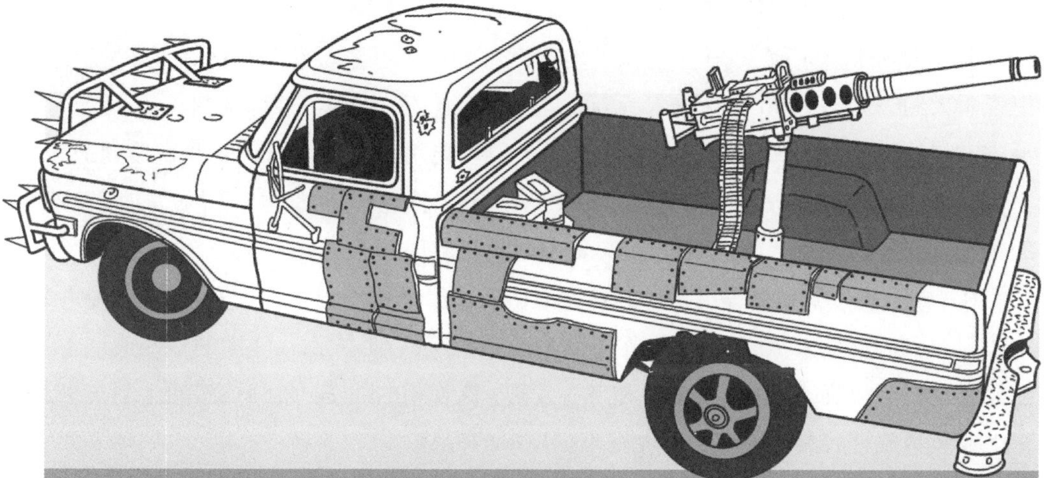

加装机枪和简易清障器的改装车。

以丰田皮卡改装而来的火箭弹发射车。

专题：古代的马战车

马战车最早发源于欧亚大草原，后来向西亚、欧洲与东亚传播，成为一种古代世界普遍的军事单位与交通运输工具。在古代战场上，马战车是同时兼具了战斗车辆和运输工具的特殊装备。

马车大约于公元前3000年起源于美索不达米亚，对将马车用于战争的最早记载出现于大约公元前2500年苏美尔，当时的重型四轮马车的轮子为实心木轮，覆盖有毛皮，尽管有时除了车手外还载有长矛手，但可能用于军事运输，而非直接的战斗车辆。苏美尔人也有较轻的双轮马车，四马拉动，但轮子仍然是实心的。使用辐条的轮子直到公元前20世纪中期才在美索不达米亚出现。

在中国，相传早在夏王启指挥的甘之战中就已经开始使用马战车了。根据《尚书》中的记载，商汤灭夏，战于鸣条时，军中就有七十乘马战车。在商代晚期的一些遗址中，已经发现战车的痕迹。据相关史料和考古发现，商晚期的战车，是马拖驾的木制车辆，车上或车旁放有兵器。甲骨文中也有不少用车的记载。

周朝时，车战兴盛，武王克殷时，周武王军队主力是“戎车三百乘，虎贲三千人，甲士四万五千人”。而诸侯兵会于牧野者，有车四千乘之多。随着战争规模的扩大，因此也有了后来的“千乘之国”“万乘之国”之称。

马战车兵通常配备二或四匹战马、一辆战车、三名士兵。一名士兵负责驾驭马匹，一名士兵拿枪或矛、戟、戈之类的兵器，一名士兵拿弓与矢，车尾插上所属国家的旗帜。另外，每乘战车还有自己的步兵，春秋以前为22人编制，其中包含7名车下士兵和15名步兵，连同3名车上士兵，共计25人，为一步兵辆，配合战车作战。步兵的身份很低微，有些甚至是奴隶。

以马战车作为工具的车兵在骑兵出现前，一直作为军队的主力，即步车并重，直到战国后期，骑兵逐渐盛行，慢慢发展为车骑并重。

第二章

军用指挥车 / 越野车

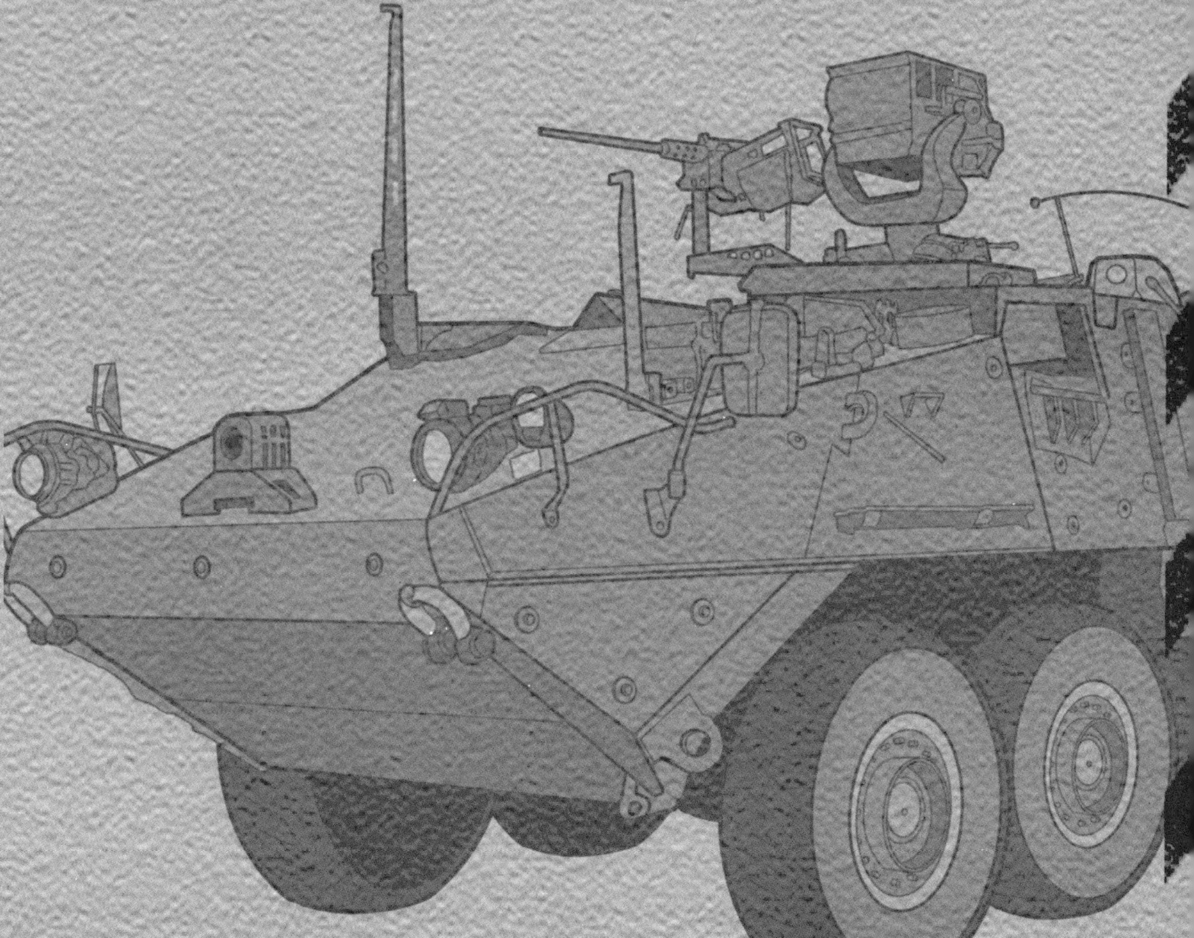

军方对指挥车有什么特殊要求

指挥车在军事上是一种常用的、十分重要的特种车，它上面装载了一系列的侦察设备和观察仪器，并且里面有指挥舱，可以在车内指挥作战。这种车在军事作战的时候十分重要，是敌方重点摧毁和己方重点保护的车辆，它甚至能够左右一场战争的成败。

一般来说，为了确保防护能力，指挥车都是以装甲车改装而成的，因此也称为装甲指挥车。装甲指挥车在每个国家的机械化部队或者坦克部队都有应用，有些装甲指挥车上还会配备一些武器，这些武器根据车辆执行任务的不同也有所差异。如果主要从事侦察工作，一般会配备小型的火炮或者机枪；如果经常在前线活动，则会配备一些重型武器，比如大口径火炮、反坦克导弹等。

装甲指挥车需要装的设备多，因此需要有非常好的承重能力。大部分装甲指挥车平时都被部署在国防边境，那里的环境恶劣，长期风吹雨打甚至有沙尘暴等自然灾害。这些现象容易对车子的表面进行腐蚀损耗，所以制造时对车子的表面涂层要有所加强。

装甲指挥车十分灵活小巧，具有强大的自我防护能力，而且可以装备各种各样的中小型武器，是许多国家重点发展的军事用车之一。在真正的军事战斗中，它能够获取重要的战场情报，有助于对战场形势的正确分析，应用得当，还可以成为战争胜利的关键所在。我国在这方面的发展也十分迅速，目前几乎每个机械化部队都有配备，这也从侧面反映了我国强大的军事实力。

与装甲指挥车功能相近的装甲通信车

装甲指挥车是建立各级指挥所的一个“工具”，内有各种通信装备，而装甲通信车同样拥有大量通信装备，但它的目的是用于保障指挥、协同等通信联络，主要装备坦克师、团及机械化部队的通信分队。

哪些特点影响指挥车的性能

防护能力强	确保内部人员和设备的安全
具备攻击能力	适合在前线活动并参加作战
搭载侦察装备	很多侦察车辆都能当作指挥车使用
强大的通信能力	作为地面的通信中继站

美国 M1127 侦察指挥车，其武装可能为 12.7 mm M2HB 重机枪或 40 mm Mk 19 自动榴弹发射器，还会安装一套远程先进侦搜系统。

代替了骑兵侦察的装甲侦察车辆

第二次世界大战以前，世界各国装备的装甲车辆还不是很多，在各国陆军中承担侦察任务的主要是骑兵部队。虽说骑兵部队在第一次世界大战中就已显露出了颓废之势，但由于它长久以来一直是各国陆军中的“精英部队”，因此即便到了第二次世界大战仍然是重要的作战力量。随着军队机械化水平的提高，骑兵逐渐被淘汰，骑兵侦察也成为历史。具备一定的防护能力、攻击能力、机动性强的装甲侦察车应运而生。

最先将装甲侦察车投入使用的是德国。在第二次世界大战期间，德军侦察部队一开始装备的主要是四轮汽车，虽然它的战斗力比较弱，但是它能够在闪电战初期利用优越的机动能力，深入敌军战线腹地，进行奇袭、骚扰等活动，引起敌军后方的混乱。第二次世界大战初期的几次战斗，德国陆军意识到侦察部队渗透力的强弱是闪电战成功的关键，于是明确了装甲侦察车的重要地位和作用，开始集中力量研制专门用于侦察的装甲车辆。最终的成果是被看作装甲侦察车鼻祖的 Sd.Kfz.234。

Sd.Kfz.234 装甲侦察车于 1943 年投入使用。它是由早期的德国装甲汽车发展而来的，尤其适宜于热带地区的作战。该车是所有德国装甲车中火力最强的，装备有 50 mm 火炮和 7.92 mm 机枪，同时该车的越野性能极佳，最高时速达 85 km/h，这一切使得该车成为一种令人生畏的战车。Sd.Kfz.234 装甲侦察车除了保持良好的机动性能外，还拥有一定的火力和装甲防护。

在现代化战争中，各国机械化部队建立同敌方接触并搜集敌方实力及行动情报的任务通常由装甲侦察车完成，这对于高速机动和战术瞬变的战场是极为有利的。现代装甲侦察车还能与卫星、飞机、无人机等通过网络连接，构成一个侦察作战系统，发挥日益重要的作用。

侦察骑兵

古代战争中的侦察任务主要是交由斥候（类似于现代军队中的侦察兵）来完成，这一兵种通常为轻装骑兵，他们需要充分利用马匹的机动性，在大部队行进之前对附近的所有区域进行搜索，以便发现敌情或者勘探地形。

1 2 3 4 5 6 7 8

装甲侦察车与现代侦察网络

装甲侦察车与各种现代侦察手段构成了一套完善的侦察网络

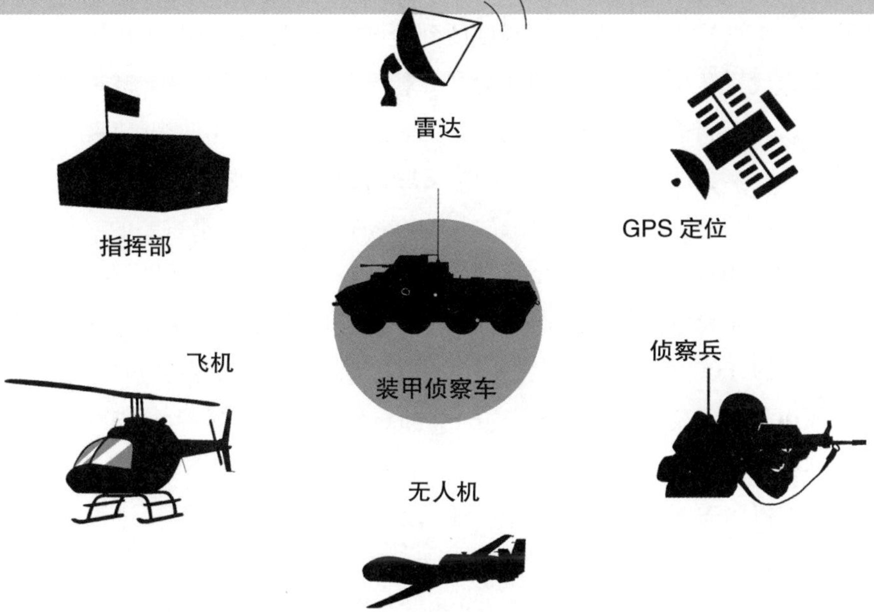

Sdkfz.234 装甲侦察车

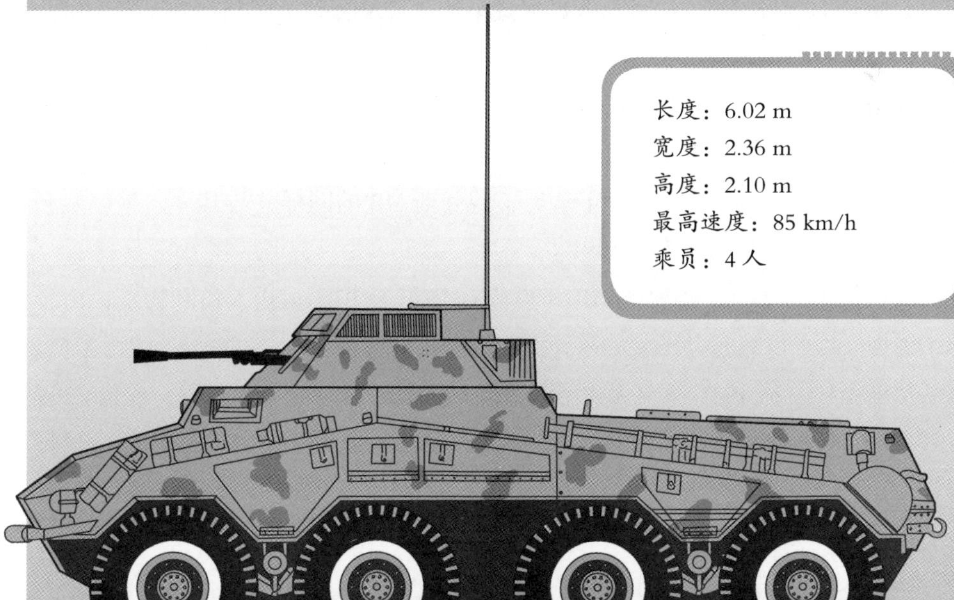

长度：6.02 m
宽度：2.36 m
高度：2.10 m
最高速度：85 km/h
乘员：4 人

威利斯 MB 越野车

1939 年，第二次世界大战已渐渐威胁到美国，此时的美国正全力备战。1940 年夏季，为了取代军队中老旧不堪的两轮、三轮摩托车和军用福特 T 型车，美国陆军向全美 135 家汽车制造商发出竞标通知，为其生产新一代军用越野侦察车。军方提出的要求是：车辆必须为四轮驱动、配备可收起的前挡风玻璃、拥有 300 kg 的有效载荷、整车车重不高于 590 kg、轴距超过 1900 mm。当然还有最重要的一项：需要在 49 天内完成样车设计，75 天内完成测试工作。

全美 135 家大大小小的汽车厂商都知道，竞标成功的话，战争打响后便会得到军方源源不断的订单，能为公司带来巨大的收益，因此残酷的商业竞争在战前打响了。最终脱颖而出的三家公司分别为班塔姆（Bantam）、威利斯越野（Willis-Overland）和福特（Ford），其中班塔姆公司最先将样车交付军方进行测试。

班塔姆本以为占得了先机，然而让他们万万没想到的是，测试过程中车辆出现了大量问题，而且班塔姆公司的规模完全无力承担军队的需求。因此，另外两家公司得以参与测试工作，威利斯带来了 MA 测试车，而福特则带来了 GP 测试车。测试过程中，军方提高了先前的参数要求，由于威利斯 MA 拥有较强的动力，因此获得了生产权，同时军方将福特 GP 和班塔姆测试车的优势整合到了威利斯 MA 身上，并将其命名为 MB。

1941 年 7 月 23 日，美国军方与威利斯车厂签订制造威利斯 MB 的合约并正式投产。在随后的生产中，由于军方对威利斯 MB 的需求量极大，造成威利斯车厂产能不足，最终在军方的协调下，福特在 1941 年拿到了威利斯 MB 的图样并与其一同生产威利斯 MB 越野车（福特生产的名为 GPW）。

第二次世界大战期间，威利斯 MB 和福特 GPW 广泛用于运送人员和物资，由于强大的拓展性，几乎没有它办不到的事，用美国大兵的话说就是："除了不能烤蛋糕，它什么活都能干！"从 1941 年至 1945 年，威利斯 MB 共生产了 36 万辆，福特 GPW 生产了近 28 万辆。此后该车被众多汽车厂商模仿并生产，威利斯 MB 也被称为越野车的鼻祖。

越野车鼻祖——威利斯 MB

威利斯 MB 的出现令美国陆军机械化的水平走在了世界前列，无论是欧洲平原、非洲沙漠、太平洋岛屿，威利斯 MB 都以其优秀的越野性能帮助盟军在战场上取得了优势。

第二次世界大战中，威利斯 MB 安装了机枪被当作移动的火力点使用。

1
2
3
4
5
6
7
8

霍希 108 越野指挥车

第二次世界大战爆发之前，蓄谋发动大战的德国军方急需一款拥有优良性能的越野车，但谁也未曾想到，这款为了满足军方需求、精益求精的车型却造就了传世经典。在德国多家车厂的共同努力下，制造出了一款名为 Kfz.B20 的越野指挥车。这款车拥有 H 形钢制底盘大梁、五前速手动波箱（当时一般汽车只有三前速）、全时全驱系统、四轮独立悬挂以及前、中、后轴差速锁。它也是世界上首款装备全时全驱的越野车。但是，由于 Kfz.B20 的生产成本过高，碍于当时物资的匮乏，在 1940 年被迫停产。从经历战争的摧残到战后德军装备大销毁，Kfz.B20 存世不足 5 台。

在 Kfz.B20 问世后不久，德国霍希公司研制的霍希 108 越野车被德军看中，军方代号 Kfz.18。这是一款外形不太好看的车型，但该车的悬挂却是当时四驱越野车的标配，也是当时德国越野车领先于各国的一大资本。

霍希 108 装配有四轮独立悬挂，悬挂形式类似于现在的 F1 赛车悬挂。这套悬挂采用上下两组 A 型臂连接在车身大梁、车轮、方向盘之间，减振弹簧设置为两组。当时，相对于使用普遍的前硬轴、后钢板弹簧非独立悬挂车辆，霍希 108 有着出色的减振性能和悬挂行程，并且结构强度不逊于后者。

霍希公司从 1936 年开始生产霍希 901，主要是德军用于第二次世界大战。整个第二次世界大战期间，这款车共生产了 7730 辆，但可惜的是大多数都在第二次世界大战期间被损毁。霍希 901 相对于霍希 108 在豪华度上有很大的提升，尤其是军方代号为 Kfz.15 的 Type 40 车型被广泛作为军官用车装备。

除此之外，霍希公司还生产了如 Sd.Kfz.221、Sd.Kfz.222、Sd.Kfz.223、Sd.Kfz.260、Sd.Kfz.261 等一系列当时性能领先的装甲侦察车。其中，Sd.Kfz.221、Sd.Kfz.222 曾经进口中国，装备国民革命军装甲战车团及税警总团。

Kfz.B20

乘员：3~5 人
全重：1700 kg
载重：500 kg
越野速度：70 km/h

霍希 108 越野车

乘员：7 人
全重：3300 kg
载重：1 t
越野速度：76 km/h

Kfz.15 轻型指挥车

Kfz.15 轻型指挥车是第二次世界大战前夕由德国当时最大的汽车公司——汽车联盟集团设计生产的一款军用指挥车辆。汽车联盟集团由奥迪、DKW、霍希、流浪者四家汽车厂商合并而成，在 20 世纪 80 年代更名为奥迪。

汽车联盟生产的这款指挥车是以霍希 830 越野车的底盘为基础开发的，出厂型号为霍希 901 Type 40，军方采用后代号 Kfz.15。霍希在当时的德国是极具影响力的轿车品牌，同时也是军用车辆的主要供应商之一。

在 1934 年到 1937 年期间，汽车联盟共计为德军生产了 4536 辆 Kfz.15 轻型指挥车，其中大部分都参加了第二次世界大战。Kfz.15 轻型指挥车在大多数情况下都是作为军官的专用座驾使用的，车上通常会搭载有电台、电话之类的通信设备，承担命令的发布、接收等任务。德军许多知名将领都曾乘坐过 Kfz.15 指挥车，其中就包括有“沙漠之狐”之称的隆美尔元帅，他在北非“沙漠行动”中的座驾就是一辆 Kfz.15 指挥车。

不仅如此，由于 Kfz.15 轻型指挥车车内空间很大，加上发动机效率比较高，越野能力很强，有一部分 Kfz.15 被改造成专门的战地救护车使用，还有相当一部分在战场上担任着火炮牵引车的角色。

Kfz.15 轻型指挥车作为一款比较早的军用越野指挥车，性能方面并不能完全满足德军需要。1937 年以后，随着汽车联盟生产的霍希 108 型指挥车以及保时捷生产的 82 型多用途车辆被德军采用，Kfz.15 轻型指挥车就逐渐停产，慢慢退出了历史舞台。

德国霍希汽车公司

霍希汽车公司的创始人奥古斯特·霍希是德国汽车工业的先驱者之一，霍希公司生产的汽车在性能上也是当时最顶尖的，同时也是当时德国所有汽车品牌中最贵的。20 世纪 30 年代，霍希公司与奥古斯特·霍希建立的另一家汽车公司——奥迪合并，奥迪标志中的其中一环就代表着霍希公司。

Kfz.15 轻型指挥车

乘员：5 人
全重：2450 kg
长度：4.7 m
宽度：1.85 m
高度：2.07 m
最高速度：67 km/h

Kfz.15 轻型指挥车担当的角色

GAZ 67 轻型越野车

1940 年苏联和芬兰打了一场冬季战争，战争中苏军意识到自己缺乏一种适合战场使用的侦察车，随后高尔基汽车厂根据福特 GPW 轻型越野车的概念设计了 GAZ 64 的原型车——“侦察兵 -1”（P-1），它的动力和传动系统来自于 GAZ MM 卡车，其他很多部件也是现成的产品。从设计到原型车完成只用了 51 天。

在进行一些改进后，GAZ 64 定型开始生产，但它只生产了很短的时间。根据使用反馈，工厂在 GAZ 64 基础上增加轮距和油箱容积，在 1943 年发展出了 GAZ 67，1944 年又发展出了 GAZ 67 的改进型 GAZ 67B。由于 GAZ 67 出现的年代和美国威利斯吉普车相近，以致美国人戏称其为“伊万 – 威利斯”（因“伊万”是俄罗斯人使用频率最高的名字）。

GAZ 67 全长 3350 mm，车辆的整备质量为 1320 kg，动力为一台排量 3.28 L 的 4 缸汽油机，发动机的最大输出功率为 50 马力（GAZ 67B 的动力升级为 54 马力），驱动系统为分时四轮驱动，传动系统为 4 挡手动变速箱，车辆的最高公路速度 90 km/h。

GAZ 67 的前悬挂装置较为独特，每侧采用两组 1/4 椭圆形弹簧构成，弹簧采用螺钉固定在底盘上，战争时期生产的 GAZ 67 水箱散热格栅为焊接制成，战后制造的 GAZ 67 散热格栅则改为金属整体冲压件。

第二次世界大战期间，因为苏联战时汽车工业几乎全都用来生产坦克和自行火炮，轻型越野车这种东西就得靠边站，何况大西洋彼岸的威利斯 MB 取之不尽，所以 GAZ 67 的产量相对较少，从 1943 年到 1945 年只生产了 4851 辆。战争结束后，美国不再向苏联提供威利斯 MB，GAZ 67 的生产才全面开始。

整体而言，GAZ 67 的越野性能尚可，但缺点是可靠性差，刹车系统不良，经济性也非常差。

GAZ-67/67B

乘员：4人
车长：3.35 m
车宽：1.69 m
车高：1.7 m
重量：1320 kg
最快速度：90 km/h

GAZ-67/67B 首次参战就是库斯克战役，用作牵引火炮、侦察车和参谋联络车。

82 式水桶车

20 世纪 30 年代，希特勒成为德国总理之后，将德国汽车的设计交给了著名的汽车设计师费迪南·保时捷。希特勒认为德国需要一种汽车，应该是四座，采用排量 1 L 的风冷发动机，100 km 油耗不超过 7 L，最大时速 100 km/h，价格不超过 1000 帝国马克，而此时福特和欧宝轿车的价格一般在 2000~3000 帝国马克之间。要实现上述目标，必须简化设计，降低成本。最终，保时捷成功设计出了一款“金龟车”，也就是说如今广为驰名的大众甲壳虫。

不久后，德国军方表示也希望拥有一款具备类似甲壳虫汽车优点的军用车辆，这一设计工作同样由保时捷负责。在设计此车时采用了同是他设计的“甲壳虫”的方案，于是此车也采用一个在车尾的风冷式发动机作动力，车身以简单的直线为主以方便大量生产，车身两侧各有两道车门，车门靠近车身中部，前门向前打开而后门向后打开。备用轮被放在车头的斜面，车顶如同吉普车是可折起的金属骨架再盖上帆布，底盘由一条半管状主梁和冲压钢板组成，四个车轮采用独立弹簧作为悬挂系统，座舱可坐四人，在前方左侧的驾驶位和右侧的乘客位皆为独立座位而后方为一整个沙发，在座位下方还有空间可存放杂物。

1938 年 11 月，大众汽车公司制造出样车并命名为 VW62，但测试显示其越野能力不足，于是把底盘升高了 50 mm 并改名为 VW82，1940 年投产，于是 82 式水桶车诞生了。那么，这款车为什么被称为水桶车呢？原因是德国人认为此车好像是一个大水桶加上四个轮。

1939 年 9 月，第二次世界大战爆发之后，82 式水桶车少量试用于德国对波兰的战争当中，1940 年全面投产后用于德军各战区，作为侦察车和军官用车甚至救护车。例如在北非，82 式水桶车以其风冷式发动机在沙漠的环境表现较为可靠，从而得到隆美尔指挥下的非洲军团士兵喜爱，实战当中 82 式水桶车可加上一挺 MG34 通用机枪甚至反坦克火箭筒，令这辆车变成机动灵活的火力平台，乘员也会为它加上装甲以强化防护，保障自身安全。

军用“金龟车”

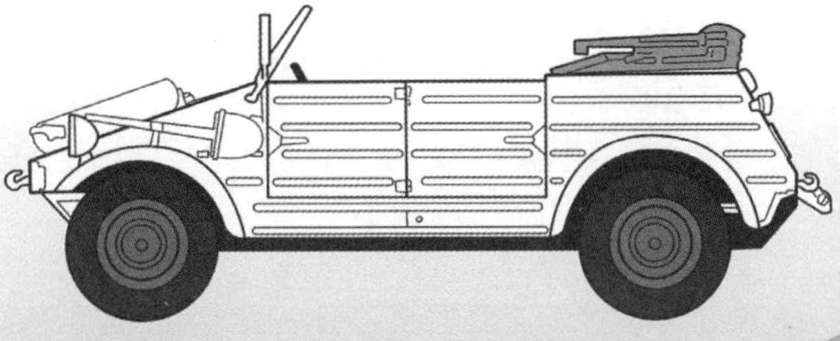

大众汽车建厂

1938 年，为了生产保时捷设计的“金龟车”，希特勒下令在今天的沃尔夫斯堡建立汽车厂，即大众汽车公司。

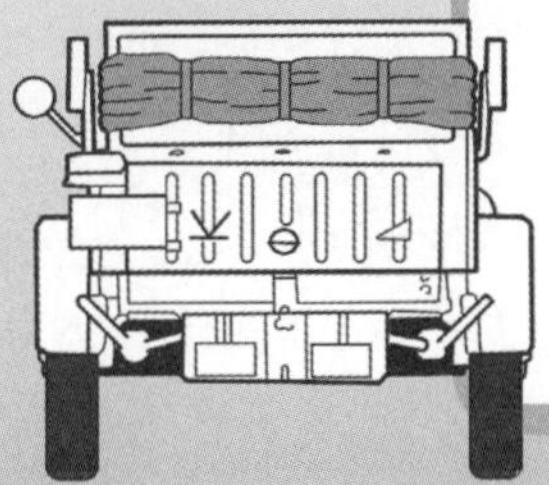

车长：3.74 m
车宽：1.6 m
车高：1.11 m
重量：715 kg
最快速度：80 km/h

安装了 MG34 通用机枪的 82 式水桶车

梅赛德斯－奔驰 G 系列越野车

与世界上其他拥有纯正越野血统的车型一样，奔驰 G 系列越野车的出身也离不开战场。但与对手们相比，它的历史远比想象中久远。早在 1926 年，当时的德国陆军授意刚刚完成合并的梅赛德斯－奔驰生产一款具有良好通过性的车型，以便投入到战场当中。

梅赛德斯－奔驰顺利完成了这项任务，推出了一款拥有三个车轴的车型，它的名字是 Geländewagen G1，而“Geländewagen”在德文中的意思就是越野车。这款车的外形与当时的主流车型相比并无太大不同，但其拥有的长轴距可以给 6 名成年人提供足够的乘坐空间。不过，G1 的性能并不算优秀，在与霍希同类车型的竞争中败下阵来，最终没有进入到军方的购买名单中。

与霍希竞争中失利的梅赛德斯－奔驰迅速投入到了新车型的研发当中。在总结出 Geländewagen G1 的不足之处后，工程师在其基础上研发出了 Geländewagen G4。更舒适、更豪华的 Geländewagen G4 仍然是以军事目的进行研发。首批交付纳粹党卫军的车型拥有哑光灰车身。部分党卫军高级将领的座驾还带有向后照射的大功率聚光灯，在发现可疑车辆尾随时可以利用其让可疑车辆驾驶者短暂致盲，以便快速摆脱跟踪。

在 20 世纪 30 年代末期，梅赛德斯－奔驰推出了越野车家族中的新一代产品——Geländewagen G5。它与 Geländewagen G1 和 Geländewagen G4 有着非常明显的区别。首先，这款车的车身尺寸明显更小，并且采用的也是更常规的双车轴结构。但是，在科技水平方面，Geländewagen G5 完全超越了它的前辈。它不仅采用了现代化的四轮驱动系统，而且还拥有在当时可以称得上是未来科技的四轮转向系统。Geländewagen G5 车内可以容纳 4 ~ 5 名乘员，并且支持高度定制，梅赛德斯－奔驰可以根据需求为其搭配多种车身。

正是由于 Geländewagen G5 的定制化特性，它成为了早期梅赛德斯－奔驰越野车家族中最受欢迎的车型之一。其衍生出的山区救援车、猎装车等产品获得了客户青睐，军方也根据需求采购了数量不少的 Geländewagen G5。在 Geändewagen G5 退出历史舞台之后，奔驰在这一级别越野车型的研发步伐有所放缓，直到 20 世纪 70 年代才重新开始研制新的越野车，也就是如今人们所熟悉的 G 系列越野车。

梅赛德斯 – 奔驰 G 级

G 级堪称梅赛德斯 – 奔驰旗下最具个性化的车型，几乎完全承袭初代的车身外观，车系发表至今皆以小改款强化外观、内装、底盘及动力部分等细节，车身架构及底盘基础仍维持原架构，可算是梅赛德斯 – 奔驰旗下车系世代寿命最长的一款车型。

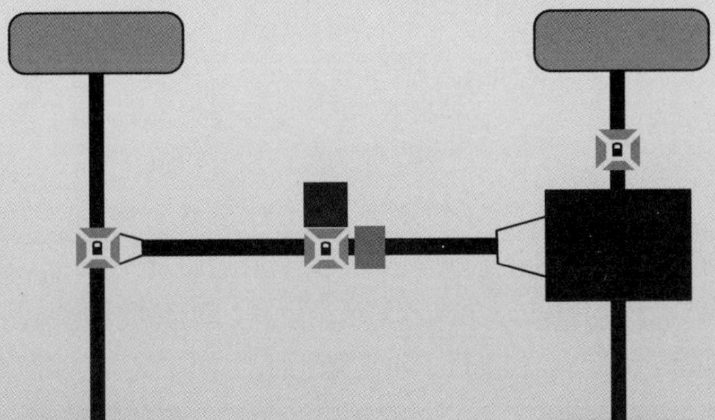

G5 完全超越了它的前辈，它不仅采用了现代化的四轮驱动系统，而且还拥有在当时可以称得上是未来科技的四轮转向系统。

GAZ 69 轻型越野车

第二次世界大战结束后，由于意识形态的不同所爆发的冷战促发了东西方阵营的军备竞赛。而苏联方面在第二次世界大战期间通过租借法案获得的威利斯吉普车也因为冷战的爆发已经难以为继，同时在第二次世界大战期间投产的 GAZ 67 轻型越野车也已经大幅度的落后。在冷战期间，苏联一直保持着进攻的态势，为了配合大规模坦克突击群的行动，苏联红军迫切需要一款高机动性的战术指挥车。所以，在第二次世界大战结束后的 1946 年，苏联正式开启了 GAZ 69 的研发项目。在 1947 年，第一辆 GAZ 69 的原型车正式亮相。到了 1953 年 8 月 25 日，量产版的 GAZ 69 开始大批量投产并装备苏联红军和社会主义阵营的部队。这种大批量的生产一直持续到 1972 年，总产量超过 60 万辆。从 1956 年开始，GAZ 69 从 GAZ 厂转移到乌里扬诺夫斯克汽车厂（UAZ）进行生产。

GAZ 69 的设计很大程度上继承了 GAZ 67B，不像是现代汽车那样注重于美学设计，而是纯粹的工程设计。在动力方面，初期投产的 GAZ 69 搭载了一台源自于 GAZ 67B 的 2.1 L 直列四缸发动机，这台发动机的技术源自于 1935 年道奇的经典动力系统，最大输出功率 41 kW，与之匹配的是一台三速手动变速箱和一套全时四驱系统，最高时速 90 km/h。后期的 GAZ 69M 则换装了 2.4 L 直列四缸发动机，最大输出功率则提升到了 48 kw，最高时速也提升到了 100 km/h。在车身架构方面，GAZ 69 配备了两个油箱，主油箱容积为 47 L，位于地板下方，副油箱容积 28 L，位于乘客座椅下方。这样的布局能够保证 GAZ 69 在战时能拥有足够的续航里程以伴随坦克集群突击。

GAZ 69 还有水陆两栖的改型。1953 年，在 GAZ 69 的基础上生产的 GAZ 46 将车身改为船形，加装了必要的水上行驶部件，使用胜利 M20 的 55 马力（hp①）发动机，车重加大了 2000 kg，这导致了该车的水上性能和陆上机动性都很差。

我国在 20 世纪五六十年代进口了相当数量的 GAZ 69 型越野车配备政府部门使用。60 年代初期，为装备中国军队，北京汽车厂用伏尔加轿车嫁接 GAZ 69，开发出“北京 212”。

① 1hp=745.7W。

GAZ 69

长度：3.85 m
宽度：1.75 m
高度：1.95 m
全重：1535 kg
最高速度：90 km/h

GAZ 69 和大多数苏联汽车一样，虽然结构简单，但是耗油量、零部件可靠性都比较差。

M38 吉普车

第二次世界大战结束以后，由于威利斯公司生产的MB吉普车在战争中表现优异，给人们留下了深刻的印象，因此威利斯公司在战后希望继续开发新的车型，延续威利斯吉普车的辉煌。

威利斯公司最先试验了农用型吉普车，那是军用型改进的结果。在战争快要结束的时候，威利斯公司开发成功CJ-2吉普车并开始生产（CJ是民用吉普车Civil Jeep的缩写），后来又改为CJ-2A。这种车辆作为拖拉机的代用品，在1945年到1949年间总计生产了214000辆。1948年，改进型的CJ-3A开始投入市场，一直生产到1953年。随着朝鲜战争的爆发，美军将CJ-3A进行了改进，定名为M38型吉普车。在此之后，M38吉普车车族仍然有所发展。

先是威利斯公司继续推出了民用型CJ-3B吉普车，CJ-3B是在CJ-3A基础上改进而来。美军在对CJ-3B进行改进后定型为M38A1吉普车。M38A1虽然名义上是M38的改进型，但实际上更像是一种全新设计的车辆。它所使用的新发动机比以往的吉普车动力更大，体积也更大。因此发动机盖部分都进行了重新设计，不仅高度增加，整体造型也从直线形改为圆弧形。

与此同时，在美军的要求下，日本三菱公司开始在威利斯公司的许可下生产CJ-3B，该车采用三菱JH4发动机，主要装备美军和日本陆上自卫队，美军将其称为CJ3B-J4。这款车在朝鲜战场上应用极多，在美军使用的吉普车中占了很大比重。通过加长CJ-3B的轴距，三菱公司还制成了J24，可以搭载反坦克导弹等重装备作战。

最后，著名的民用型CJ-5于1954年出现，一直生产到1983年，生产期长达29年，为其他各型吉普所不及。海湾战争中，美国海军陆战队还曾使用M38系列吉普车搭载106 mm无后坐力炮作为反装甲用途。不过，随着悍马的广泛使用，M38系列吉普车被逐渐淘汰了。

威利斯 M38 吉普车

重量：1191 kg
长度：3.38 m
宽度：1.57 m
高度：1.57 m
最高速度：96 km/h

威利斯 M38A1

长度：3.51 m
宽度：1.74 m
高度：1.72 m
最高速度：98 km/h

M38A1 造型的改变不是凭空而来的，军方需要一种动力更强的吉普车，因此威利斯对 M38 车体进行了改进，以便容纳下更大的 F 型发动机。

M151 轻型越野车

在朝鲜战场上，备受美军青睐的 M38 轻型越野车表现差强人意，甚至不如同期参战的路虎 85 出色。1954 年，针对朝鲜战场暴露出来的问题，美国陆军拟定了新的战术车辆型谱发展规划。根据这一规划，在五角大楼的专项资金支持下，美国诸多汽车公司纷纷开发车型来博取美国陆军坦克与汽车部专家的青睐。大名鼎鼎的 M151 轻型军用吉普车就是这一期间的成果。

与战后第一代军用汽车大多脱胎于民用汽车军用化改造不同的是，M151 是一款纯正的“军用越野车”。M151 在技术上的新颖性更加具有吸引力。如果从研制时间上来说，M151 和 M38A1 可谓是“同龄人”，它们都诞生于 1952 年。与 M38A1 匆匆装备部队不同的是，XM151 轻型越野车（M151 的试验样车代号）在美军的车辆试验场上进行了严格的试验。根据 1954 年美军制定的新款军用车辆型谱发展规划的技术要求，福特汽车公司于 1956 年同时研制出两种采用不同车体材料的 XM151 轻型越野样车，随即交付美国各兵种地面部队试用。其中，钢结构车体的样车编号为 XM151E1，采用那一时代较为前卫的铝合金结构车体的样车编号为 XM151E2。经过近三年的试验，汇总了美军各兵种的意见后，钢结构车体的 XM151E1 受到更多的青睐，为福特汽车公司赢得了五角大楼的订单，正式编号为 M151 型“军用通用战术轻型卡车”（MUTT）。

然而，在车辆设计师们案头确立的战术指标在得到了试验场的承认后，投放到战场上却出现了迥异的状况。在越南战场上，美国海军陆战队和陆军特战部队的士兵发现，不要说是在复杂路面，即使是在普通非硬质路面，全副武装的 M151 越野车在进行高速转向和紧急制动时，非常容易发生侧倾事故，也就是我们常说的“翻车”。加之当时的美国小型越野车没有加装防侧倾支撑架的习惯，以至于经常有美军士兵被摔得鼻青脸肿甚至是丢掉性命。福特汽车公司的设计师和五角大楼不得不重新审视这辆被他们千锤百炼的轻型越野车。在经过了近三个月的重新试验，发现问题就出在他们引以为豪的独立悬挂系统上。该车采用断开式驱动桥，其连接车轮和车体的横向下控制臂为 A 字形，硅铬钢等螺距螺旋弹簧安装在车体弹簧座和下控制臂之间。一般说来，这是一种十分常见的悬挂系统结构。但是在 XM151 设计伊始，根据美军新制定的“美国军队卡车汽车标准”规范要求，XM151 刻意降低了整车高度，导致 A 字下控制臂和车体的铰接点位置偏低，加之为了克服独立悬挂车辆离地间隙

M151 标准型

长度：3.38 m
宽度：1.63 m
高度：1.8 m
整备质量：1.1t
最高速度：100 km/h

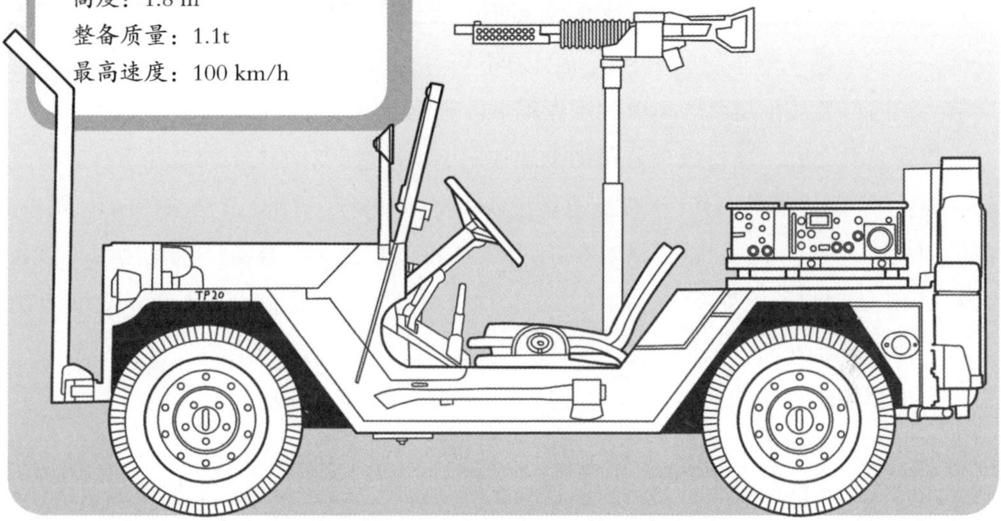

当作拖车使用的 M151

M151 常常会被当作拖车使用，车后拖曳的货厢中可以容纳多名士兵所需的补给、弹药等用品。

M151 轻型越野车

相对较小的缺陷，XM151 横跨底盘的防偏杆安装位置偏高。这样高速行驶中的车辆一旦进行转向和紧急制动，受惯性较强的悬挂系统的弹性元件会天然地给出机械力补偿，导致车辆 4 个车轮的悬挂系统受力不均匀，加之受低效率的防偏防侧滑装置影响，横向移滑甚至是整个车体侧倾也就不可避免了。

找到原因之后，福特汽车公司的设计师们不得不重新对 M151 的悬挂系统进行改进。1964 年，新改进的 M151 被批准重新进入美军的装备序列，这就是 M151A1。同时，为了彻底改进 M151 的问题，从 1968 年开始福特汽车公司联合凯撒汽车公司（该公司于 1963 年收购了威利斯）、通用汽车公司等召开了多轮联席会议。其间，多方决定对 M151A1 进行全方位的改进。针对导致车辆侧倾事故的悬挂系统，技术协调小组决定把车辆的后桥由独立悬挂改为半独立悬挂，增强车辆对地面的附着能力。同时针对高速转向故障，福特汽车公司对原车辆的转向系统过于灵活的特点进行了限制，同时采用了制动效率更高的双回路液压制动系统。改进后的车辆编号为 M151A2 型轻型越野车。1970 年，随着 M151A2 的不断改进，特别是 AMG 汽车公司（凯撒汽车公司被美国汽车公司收购后更名）投产 M151A2 的变型车之后，M38 系列越野车逐渐失去了军方订单。直到后来悍马汽车大规模使用之前，M151 系列越野车一直是美军的主力越野车。

1990 年，在伊拉克入侵科威特后，美军宣布，从即日起美军发动代号为“沙漠盾牌”的军事行动，向波斯湾调集兵力。第二天，美军第 82 空降师率先抵达沙特阿拉伯。不仅如此，在这场行动中几乎所有以 M151 越野车和悍马为主要装备的美军轻装部队和山地作战部队，其集结和部署的速度几乎是美军第 1 装甲师和第 1 机步师等这些重装部队的 4 倍以上。

M151 的底盘及悬挂系统

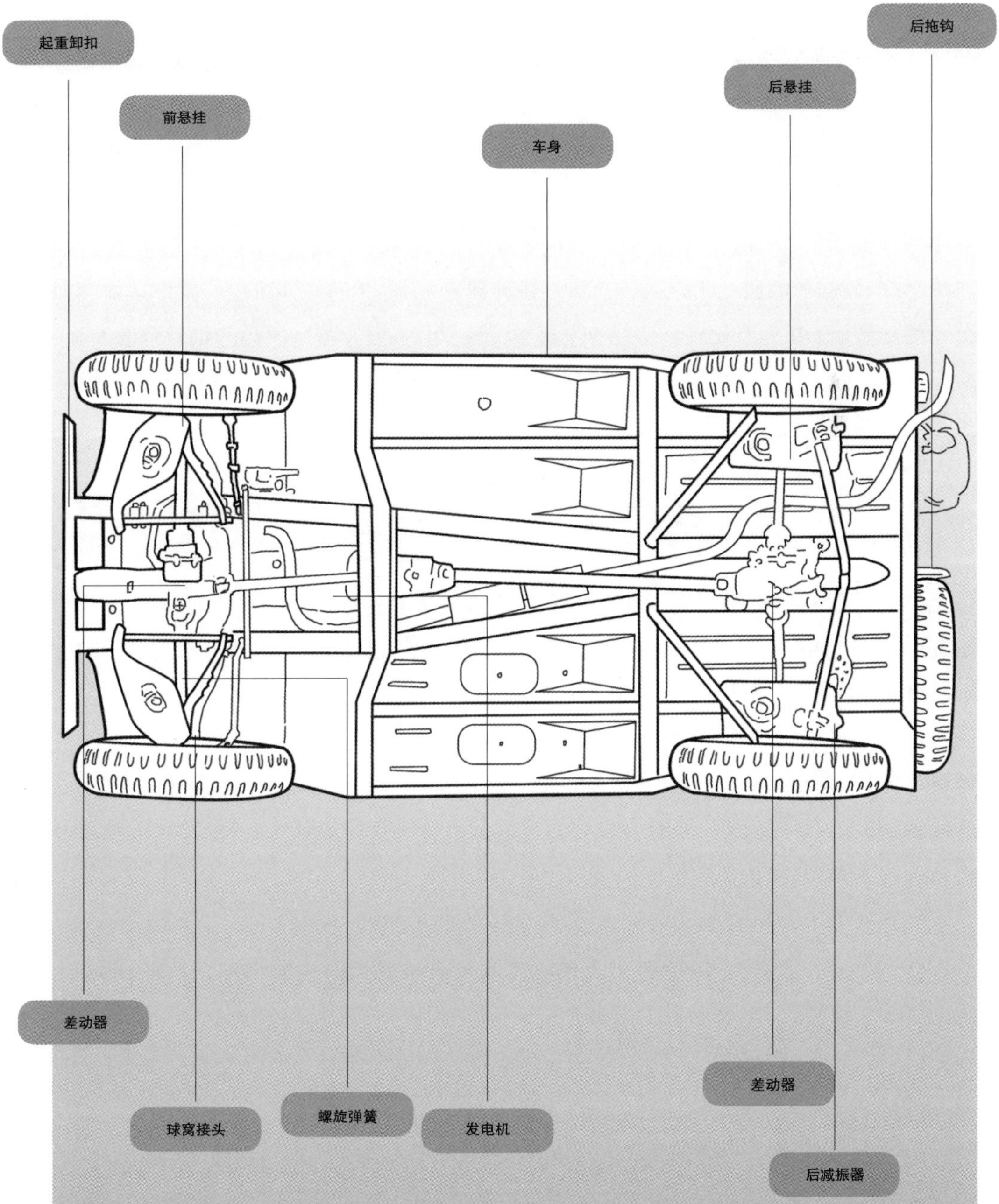

1
2
3
4
5
6
7
8

路虎 Series 系列越野车

路虎（Land Rover）Series I 虽问世于第二次世界大战之后，但它在军用汽车中的影响力却是谁也无法忽略的存在。路虎 Series I 是这个品牌的第一款车型，首次亮相于 1948 年的阿姆斯特丹车展，它的问世标志着路虎品牌在 SUV 领域的开疆辟土。

从问世的时间节点上看，路虎 Series I 算是与第二次世界大战“擦肩而过”，因此它在产品特征上带有鲜明的战争痕迹。战后的英国可以用百废待兴来形容，对于汽车工业而言，举国上下更需要一款能够吃苦耐劳的工具属性的车辆，这也是促成路虎生产 Series I 的原动力之一。而且在设计研发 Series I 的初期阶段，路虎从威利斯公司的威利斯 MB 身上找到许多灵感与经验，不过由于当时英国国内的钢铁资源短缺，所以 Series I 的车身采用了更为轻质的铝材料，这不仅解决了当时汽车材质的问题，也为以后各代路虎以全铝车身驰名打下了基础。

路虎 Series I 问世之后的第一“战场”在田间地头，以农用车的身份服务于农业生产。然而，其优良的通过性和可靠性的口碑最终转化为英国军方的订单，且在后来相当长的一段时间内成为英国军方的标志性装备之一。1949 年，英国陆军首次订购路虎，他们很快意识到这款车完全具备当时英军使用的价格不菲的英国吉普车 Austin Champ 的所有功能。此后，英军最终启用路虎汽车作为其在众多不同场合的标准越野车辆。

最初的路虎 Series I 版本搭载一台最大约 50hp 的 1.6 L 汽油发动机，采用了一台来自路虎 P3 卡车的 4 挡变速器，悬挂系统使用的是简单可靠的叶片弹簧形式。1950 年，四轮驱动的固有系统被一种更为普及的可选配组合系统所取代，1.6 L 发动机被动力更强劲的 2.0 L 发动机所取代。

1958 年，路虎开始推出 Series II 版本，此时路虎 Series I 的产量已经超过 20 万辆，其优越的性能为 Series II 奠定了市场基础。1971 年，升级版路虎 Series III 面世。新型的模制塑料格栅和加固后的前脸造型构成了路虎的显著特征。1977 年，随着一辆 Series III 的下线，路虎总产量累计突破 100 万辆，造就了路虎发展史上又一个里程碑。

路虎 Series I

长度：3.35 m
宽度：1.55 m
高度：1.87 m
发动机：1.6 L T4 发动机

路虎 Series II

长度：3.62 m
宽度：1.68 m
高度：1.97 m
发动机：2.0 L T4 汽油发动机 /2.0 L I4 柴油发动机

路虎 Series III

长度：3.61 m
宽度：1.68 m
高度：1.97 m
发动机：1.6 L T4 发动机

专题：防弹车是不是军用车辆

由于军用车辆大多都是为了在战场上使用的，因此本身往往具有一定的防弹性能。轻型军用车辆能够抵御小口径枪弹的攻击，而重型军用车辆则能抵挡大口径枪弹以及炮弹弹片，更有专门设计的防雷装甲车，其底盘、车身四周都经过强化，即便是地雷在车下爆炸，也能安然无恙。这么看来，大多数军用车辆都属于防弹车。那么，通常所说的防弹车又是否是军用车辆呢？

防弹车是从设计、选材、防护制造出来防御外部攻击的特种车辆。这类车辆一般特指民用的防弹轿车。防弹轿车造价相对普通的民用车辆往往高很多，一般都在普通民用豪华车的10倍左右。其用户一般都是各国政界要员、商界巨贾、职业军警、特工；金融业、银行业，以及其他有较高出行安全防护要求和有能力购买使用该种车辆的个人和机构。

防弹车车身全部材料都采用了特殊的防弹材料，如防弹玻璃、车身装甲、重型底盘、四轮驱动以及其他行驶方式的动力、特种防弹轮胎、车载通信设备、安全坐乘设备等。

防弹级别的划分以对抗武器杀伤级别来作为参照，但叫法不同，例如在美国以Ⅰ、Ⅱ、Ⅲ、Ⅳ级来区分，而在德国的叫法则为B4、B5、B6、B7。

第一级别：一定能经受较强的9 mm 124GR手枪的打击而不被击穿；

第二级别：能够不被44 mm Magnum 240GR手枪洞穿；

第三级别：可经受M80 Ball手枪、AK-47、突击型来复枪、M16突击步枪和北约7.62 mm口径的制式步枪打击而不被洞穿，这是防弹车最普遍达到的级别；

第四级别：可以接受更强射击，例如各型手榴弹、管形炸弹以及TNT炸药包和塑料炸弹。

第三章

军用运输车

军用运输车主要运送什么

1

军用运输车，顾名思义，就是军队使用的专门用于运输用途的车辆。军队需要运送的物资种类很多，首先是用于保障后勤的军用品（如普通的军装、食品等），运送这些物资和一般民用物流没有太大的区别，首选军用卡车之类的运输车辆进行运输，或者是通过铁路运输。在非战时的情况下，这类物资的运输占了军用运输车运输能力的绝大部分。

2

军队除了衣食这些后勤保障之外，更特殊的是军用战备物资的运输，简单来说就是所需的武器弹药。这些战备物资的运送一般使用铁路的军用专线，这类铁路全线属于军队，能够从军工厂运输到一些大型基地。

3

在军用战备物资中，一些大型的武器装备更为特殊。由于其外形庞大，普通的军用运输车是无法运送的，往往需要研制同样大型的特殊运输车辆。比如俄罗斯明斯克拖拉机重工业联合公司生产的7900系列越野运输车，就是这类军用运输车的典型代表。

4

7900系列最早的型号是7904型越野运输车，它也是以后一系列7900系列运输车的主要基型车。7904型运输车出厂时仅有驾驶室和一台12轮驱动底盘，出厂后可以根据具体用途安装大型货柜箱或者导弹发射架。它的设计载重量高达200 t——这意味着，如果货箱容积足够，它可以装载3000个成年人、200辆轿车或5辆T-72主战坦克的重量。更重要的是，即便是满载状态，7904型运输车仍然能够在各种恶劣的地形中顺利行驶。之后的7906型减少了一部分载重，其越野载重能力为150 t，但在其他方面则得到了加强。7906型为16轮全轮驱动，前、后各6轮动力转向，独立悬挂底盘系统，车长30 m以上，发动机功率1500hp。这种运输车从不运送普通的军备物资，而是专用于战略导弹的机动运输和发射。

5

6

总之，军用运输车是陆地上军队后勤补给和装备机动能力的核心，它们的存在令军队的机动化作战成为可能。

7

8

需要军用运输车运送的物资

后勤补给品

军装、食物、药品等

这类物资往往可以直接采用民用卡车进行运输

武器装备

枪械、弹药、火炮、坦克、导弹等大小武器装备

需要用到一些专门设计的运输车辆

此外，还包括人员的运输

M3 半履带人员运输车

20 世纪 20 年代，为解决卡车运送步兵时越野能力差和无装甲防护的问题，出现了半履带式装甲车，主要被作为战地越野车和人员运输车使用。

半履带车辆出现之后，美国陆军看到了这种车辆的优势，于是采购了一些雪铁龙半履带车作评估。此间，陆军骑兵部队发现他们的侦察车辆在雨季时由于车重和路面压力而表现不良，因此决心以此为基础进行改良。改良工作由美国怀特汽车公司进行，将原本美军使用的 4 轮 M3 侦察车改用半履带底盘，美军采用后将其命名为 M2 半履带车。M2 半履带车主要用于战场弹药输送、火炮牵引。

当美军表示需要一款能够在战场运送人员的半履带车辆时，怀特汽车公司将 M2 的车体加大，成为 M3 半履带人员运输车。

M3 拥有比 M2 更长的车体，在车尾有一个进出口，并设有可承载 13 人步枪班的座位。在车的两边设有 10 个座位，三个在驾驶室。在座位底下有架子，用来放弹药及配给；座位后方额外的架子拿来放步枪以及其他物品。在车壳外，履带上方设有小架子用来放地雷。在战场上 M3 经常外加行李架，后期的 M3 设有装置在尾部的架子，用来存放车组人员的物品。

M3 半履带人员运输车是第二次世界大战中应用最广泛的的战斗车辆之一，发动机在前，三名乘员居中，载员室在后，最多可装载 12 名士兵，还可以拖曳火炮，或装备反坦克火炮、防空火炮、重型火炮和迫击炮等武器。

M3 刚开始极不受欢迎，并被美军戏称为“紫心箱子”（美军会为因战斗受伤的士兵颁发紫心勋章，借此讽刺 M3 防护力差）。将领们的抱怨主要集中在 M3 完全没有对上方的防护，以及它的装甲并不足以防护机枪火力。但随着后续改进，M3 防护力有所提升，加上其机动性在战场上表现出来，逐渐赢得了士兵喜爱。

M3 大约共生产了 43000 辆，并在美国陆军、美国海军陆战队以及英国和苏联红军中，于各个前线服役，在第二次世界大战中有“战场大巴”的美誉。

M3 半履带车

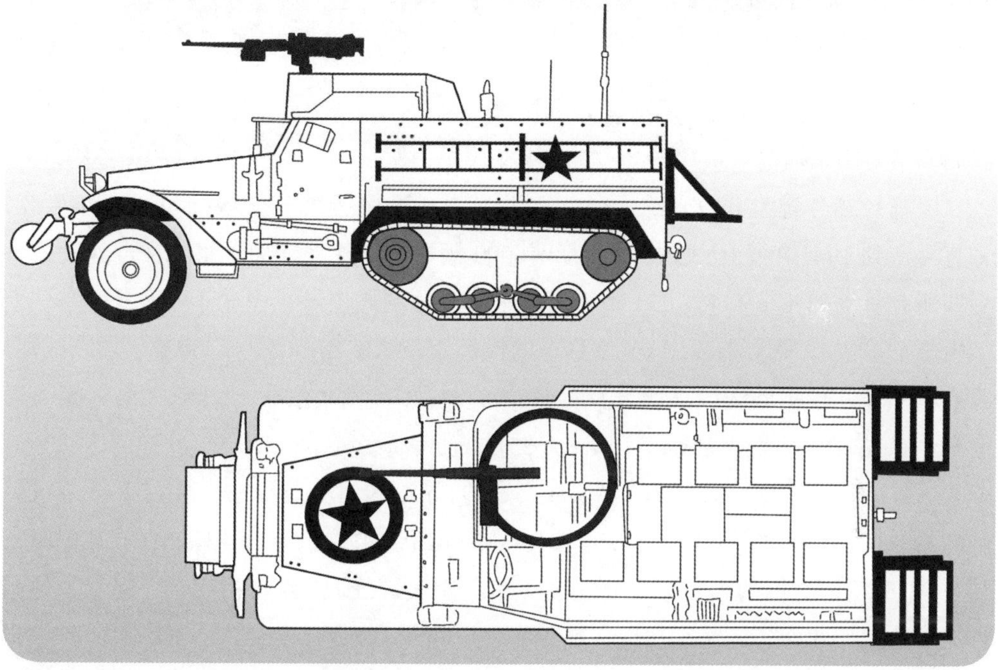

战场上的 M3 半履带车

Sd.Kfz 251 半履带运输车

Sd.Kfz 251 半履带装甲运输车是利用德马格公司的 D7 型半履带式运输车底盘研制的，主要用来输送人员，1940~1945 年在德军中服役。

该车1938年定型并投入试生产,用于取代其他装甲运兵车,1939年正式批量生产，一直生产到 1945 年德国战败，共生产 16000 辆左右，几乎参加了第二次世界大战中后期所有重大战斗。Sd.Kfz 251 装甲运输车有 4 种制式型号，在这 4 种型号的基础上衍生出了多达 14 种变型车，这些变形车的代号为 Sd.Kfz 251 后加 “/” 和数字加以区别，共有：Sd.Kfz 251/1 装甲人员运输车、Sd.Kfz 251/2 有线通信车、Sd.Kfz 251/3 无线通信车、Sd.Kfz 251/4 炮兵观察车、Sd.Kfz 251/5 炮兵侦察车、Sd.Kfz 251/6 弹药运输车、Sd.Kfz 251/7 火箭发射车、装有 75 mm 火炮的 Sd.Kfz 251/8 装甲车、装有 20 mm 机关炮的 Sd.Kfz 251/9 装甲侦察车、装有 L/45 型 37 mm 反坦克炮的 Sd.Kfz 251/10 装甲车、装有 41 型反坦克枪的 Sd.Kfz 251/11 装甲车、Sd.Kfz 251/12 排长指挥车，以及另外两种无具体编号的弹药运输车和炮兵观察车。

Sd.Kfz 251 半履带车的早期型号在制造过程中比较精细，工艺也十分注重细节，后期型号为了提高生产产量，同时增加防护能力，采取了外形的简化，并增加了侧面的杂物箱，取消了外装甲上不必要的开口，后部装甲改用反向倾斜设计。

Sd.Kfz 251 半履带车的半履带结构使维修和保养比较复杂，也大大增加了非战斗损耗，公路通过率比不上轮式车辆，在泥泞等复杂地形中的表现又不如坦克，但是符合德国兵工工业通用性的要求。更令它饱受诟病的一点是，其前轮不具备动力，也无刹车功能，只负责转向导向，所以 Sd.Kfz 251 型在战争后期，尤其是东线战场的恶劣地形中，无法满足战术要求。

总体来说，Sd.Kfz 251 型半履带车是第二次世界大战期间德国装甲兵战术的重要支撑，是装甲掷弹兵师的装备核心，并在战争中出色地完成侦察、火力支援、人员输送等战术任务，扩大了闪电战的战术效果。

Sd.Kfz 251 Ausf

总重：7.81 t
全长：5.80 m
宽度：2.10 m
全高：1.75 m
操作人数：12 人

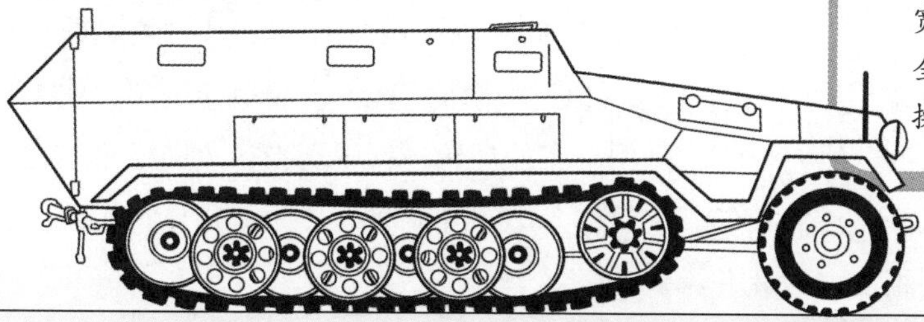

Sd.Kfz 251 Ausf.A

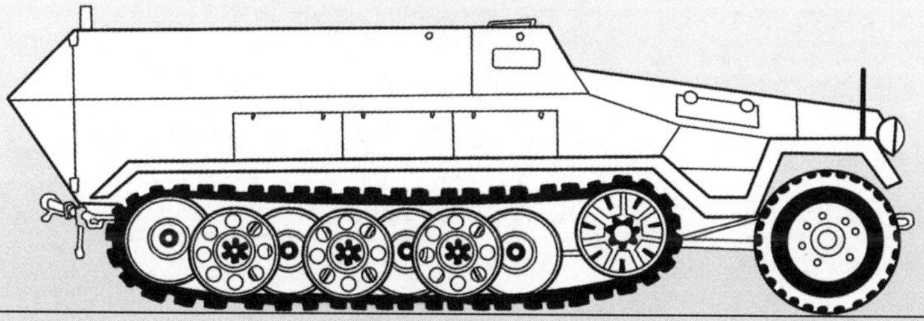

Sd.Kfz 251 Ausf.B

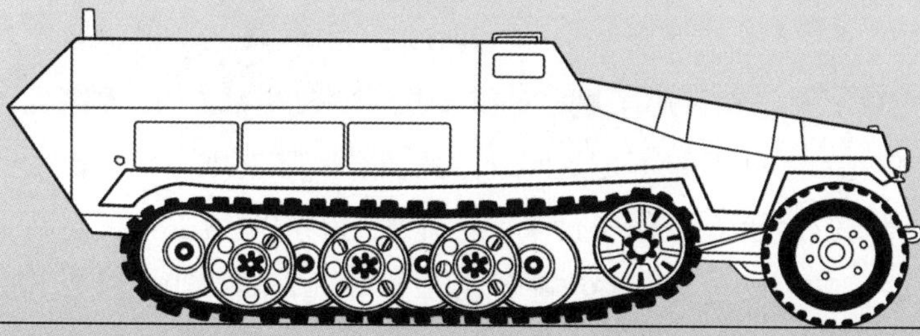

Sd.Kfz 251 Ausf.C

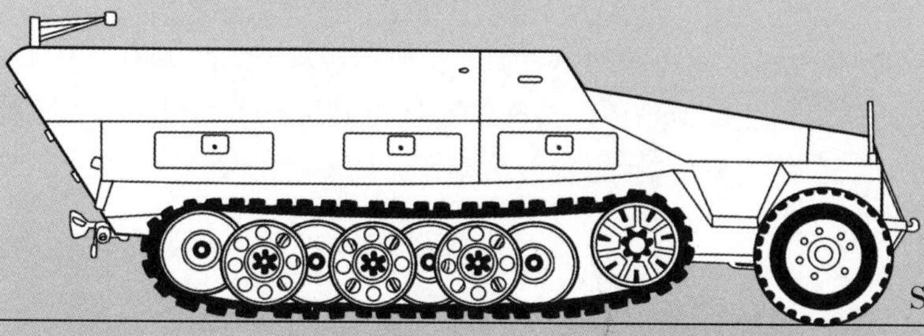

Sd.Kfz 251 Ausf.D

Sd.Kfz 251 的制式型号分为 A，B，C，D 四种。Sd.Kfz 251 Ausf.D 是为了增加产量而简化设计出的，主要简化了装甲车体，采用了内倾的后装甲板。

ZIS 42 半履带卡车

20 世纪 30 年代，德国、美国在半履带车辆的发展上已经取得了不错的成绩，苏联在看到这种车的优势之后，也下决心研制。研制工作由具有丰富经验的莫斯科汽车厂（后改名斯大林汽车厂，缩写为 ZIS）进行。莫斯科汽车厂最初的研制工作是基于民用的轮式卡车改装的，他们将两款民用卡车的后轮进行了更换，改为履带结构，推出了 GAZ 60 和 ZIS 22 半履带卡车。这两种卡车在性能方面，尤其是悬挂系统上，直接采用了轮式汽车的结构，因此并不算成功。

1942 年，斯大林汽车厂结合履带拖拉机的设计特点，改进出专门用于半履带车辆的悬挂系统，并在 ZIS 5 卡车的基础上研制了一款新型半履带卡车——ZIS 42。相比于之前的 GAZ 60 和 ZIS 22，ZIS 42 采用了新的底盘和悬挂系统，并使用马力更大的发动机。这些设计令在复杂地形和恶劣天气中出现的行驶不便、打滑等问题得到了解决，是一款越野能力比较强的车辆。但是，比起同时期德国、美国的越野车辆，ZIS 42 仍显不足。

1942 年当年，苏联红军就已经开始使用 ZIS 42 半履带卡车，但是由于生产能力并不高，直到 1944 年停产之前，总共才生产了 6000 辆。1943 年，斯大林汽车厂还曾推出过一款改进型 ZIS 42M，它采用了更好的发动机，将动力从 73hp 提高到了 85hp，一度被认为能够解决 ZIS 42 性能不足的问题。然而在实际使用当中，证明了这样的发动机对于 ZIS 42 在这种大型运输车辆来说仍显太弱。而随着战争的进行，大量美国援助被运往苏联，其中就包括各种汽车，由于美国汽车的性能远胜于苏联汽车，加上数量非常庞大，包括 ZIS 42 在内的多款苏联汽车都选择了停产。

在使用过程中，ZIS 42 不仅仅是作为一款运输卡车使用，它同时能担当人员运输车、火炮拖曳车、后勤补给车等多个角色，苏联红军还对其进行了大量改装，产生了搭载高炮的防空型、安装了雪橇的雪地型以及携带浮桥的架桥车等。

ZIS 42 和它的用途

长度：6.095 m
宽度：2.36 m
高度：2.95 m
离地间隙：0.395 m
空重：5250 kg
载重：2250 kg
最大速度：45 km/h

ZIS 42M 是使用数量最多的该系列车型，它的动力更强，比原型车更加适合战场使用。

作为火炮拖曳车使用的 ZIS 42

改装成防空车的 ZIS 42，去掉了车厢，改为武器平台，不仅能搭载高射炮，还可更换为多挺机枪，作为战场上移动的火力点。

M25 坦克运输车

1942 年，盟军在北非发动了阿拉曼战役。随着战争进入白热化阶段，盟军的坦克在战场上接连不断遭到地雷和火炮的袭击。这些受到重创的坦克得不到良好的维修而只好被遗弃，这样一来就造成了严重的资源浪费。因此，美军观察员向上级反映，他们缺少一种能够用于运输、牵引、维修坦克的大型车辆。

同年，美国军方要求几家汽车公司开发研制一种 30 ~ 40 t 的载重拖车。性能上，陆军要求越野能力必须比原有的 M9 型 24 轮拖车优秀，并拥有比原本使用的 30 吨级 8 轮拖车更大的运载量，同时需要能够与 Diamond T 军用卡车相容。

新型拖车的设计由位于底特律的 Fruehauf 公司负责，由于设计出来的新型拖车所能应付的重量远比 Diamond T 军用卡车的牵引力大，美国陆军又委托总部位于旧金山的 Knuckey 卡车公司设计更大型的军用半拖车，以彻底发挥新型拖车的性能。不过，因为该公司的生产能力不足以应付陆军的需求，因此完成的设计交由位于华盛顿州西雅图的太平洋汽车公司进行生产。

1943 年 3 月，这种新型拖车——美军代号 M25 的坦克运输车登场亮相了，它被太平洋汽车公司称呼为 TR-1。M25 拖车是在拖拉机的基础上改造成功的。它采用了同轴链条传动方式，这种传动方式当时是很少见的。M25 还有无装甲的衍生型，也就是 M25A1，由英国试验性的改装作为救援拖吊车与拖拉机使用，并证明具有可行性。这两种款式拖车车头外形有所不同，M25A1 拖车在电力系统方面也做了小小的改动。

与美国陆军原有车辆不同的是，M25 半拖车的驾驶室配备了轻型的装甲与两座合计有 60 吨级的强力绞盘，这种设计让 M25 不需要任何额外的人手或保护部队，只靠本身乘员就可以轻装在战区执行拖吊或运输任务。在战争中，见识到 M25/M25A1 巨大力量的大兵们给它们取了一个威猛的绰号——“恐龙”。

根据记录，这两款拖车总共生产了 1712 辆。

M25 半拖车 + 拖架 =M25 坦克运输车

M25 半拖车是拖车的主体，如果要运输坦克的话，只要在半拖车后挂上拖架，就构成了完整的 M25 拖车。

1
2
3
4
5
6
7
8

“象”式坦克运输车

20世纪60年代，联邦德国的“豹”1型坦克以及美国的M60巴顿坦克分别是两国当时最先进的现役战车。虽然两款战车的设计理念都是为了反制苏联的T-54/55主力战车，但苏联新式坦克T-62拥有更优秀的火力以及防护力，而德、美两国的主战坦克无法与之抗衡。随后，美国和联邦德国开始联合研制一种应对T-62的主战坦克——MBT-70。在坦克的研制过程中，美、德两国考虑到未来坦克的大规模机动，为其设计了一种被称作重型设备运输车（HET）的坦克运输车，用来运载两国正在研制的MBT-70主战坦克。

这种坦克运输车的主要承包商是美国的克莱斯勒公司和联邦德国的福恩公司，拖车部分由联邦德国的克虏伯公司负责。1970年，美国退出了MBT-70及其重型设备运输车的研制计划。联邦德国方面虽然也放弃了MBT-70坦克，改为自行研制“豹”2主战坦克，同时继续为之设计运输车。最终，德国福恩公司成功制成SLT50-2牵引车，又称“象”式坦克运输车。联邦德国陆军先后向福恩公司订购了328辆，最后一批也于1980年开始正式使用。该车及其半拖车可以运载德国陆军装备的包括“豹”2主战坦克在内的任何装甲车辆。

“象”式坦克运输车是一种8轮驱动车辆。驾驶室为全封闭式，由钢和玻璃纤维制成，有一个驾驶员座位和三个乘员座位。前并装桥和后并装桥都装有桥间可闭锁式差速器，而且每个桥都有一个可闭锁差速器。前后的并装桥都有扭杆和两头渐薄、平行放置、弹性渐增的钢板弹簧挂装置。牵引车和半拖车都有空气制动器，并有一个对负载敏感的自动制动阀，保证所有负载条件下的均匀制动。停车制动器由安装在后车轮制动器上的弹簧加载缸筒组成。减速器直接与变速箱相连，并且还通过电控线连接到半拖车行车时使用的制动器上。驾驶室后面装有双绞盘装置，每个绞盘的拉力为167 kN，大约相当于能拉起重17000 kg的物体。

目前，“象”式坦克运输车仍在德军中被大量使用，是世界上性能最好、使用数量最多的坦克运输车之一。

“象”式坦克运输车（拖车）

长度：8.83 m
宽度：3.07 m
高度：2.83 m
最高时速：65 km/h

拖架

长度：13.1 m
载重长度：7.8 m
宽度：3.15 m
载重宽度：3.15 m
最大载重量：52000 kg

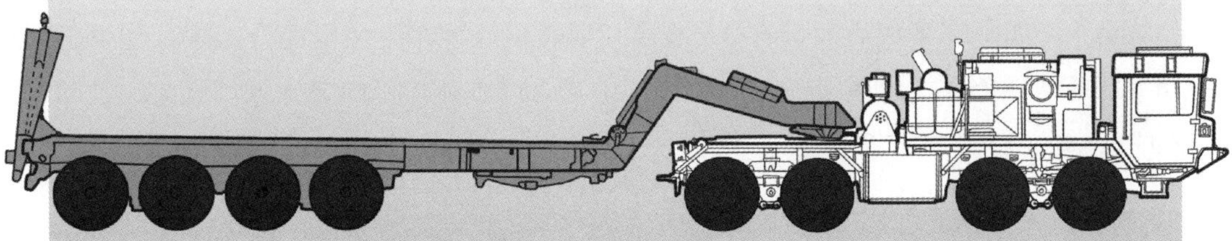

HEMTT 重型运输车

HEMTT 重型运输车是美军使用的一种越野卡车，其全称为“重型增程机动战术卡车”（Heavy Expanded Mobility Tactical Truck，缩写为 HEMTT）。标准型的 HEMTT 重型运输车是 10 t 的 8×8 货运卡车，也常被昵称“龙卡车”，另有一些 10×10 轮的版本用于拖版载运系统（PLS）计划。

HEMTT 重型运输车从 1982 年起在美国陆军服役，用以替换老旧的 M520 Goer 卡车。美国海军陆战队是第二个装备这种车辆的单位，其使用的型号与美国陆军有所不同，称为“物流载具系统”（LVS）。海军陆战队使用型号虽然表面上和一般卡车并无太大差异，可以拖拉一般货柜，但是它本身并不是像一般卡车那样直接连接货柜车，而是一体化的车身搭配一种液压吊臂可以直接将货柜拉上后车板，同时车内还使用了多种模组化的发电机组和后拖板，以匹配不同作战环境下的使用要求。

HEMTT 重型运输车动力强劲，车载的 12.1 L 柴油发动机能够产生 445hp，使其能够在崎岖复杂的地形上快速自由行驶，强悍的可扩展性使其产生了多种改型，作为一台重负荷机器，它也可由 C-130 以上的运输机进行空运，是关键的服务支援装备，其车载的发电系统甚至于可以给营区进行供电。

本车全系列可以使用 C-130 以上载运能力的运输机空运，目前主要有以下几种型号：

· M977 和 M985 货车版，附带液压吊臂；

· M978 油罐车，除车辆外还有为直升机加油的能力；

· M983 拖车，作为“爱国者”导弹等火力平台，也能搭载大型雷达之类的展开型装备；

· M98 救援车，有战车维修能力和拖拉能力。

此外，如果在车型后面带有 A3 编号，则表示该型车为油电混合版本；如果是 A4 编号，则意味着为油电混合之外还更换了新的 Caterpillar C15/17 六汽缸柴油发动机和新一代车上诊断系统。

M977

全重：17600 kg	操作人数：2
全长：10.18 m	输出功率：445 hp
宽度：2.44 m	底盘高度：0.61 m
全高：2.83 m	最大速度：96.5 km/h

HEMTT 重型运输车家族

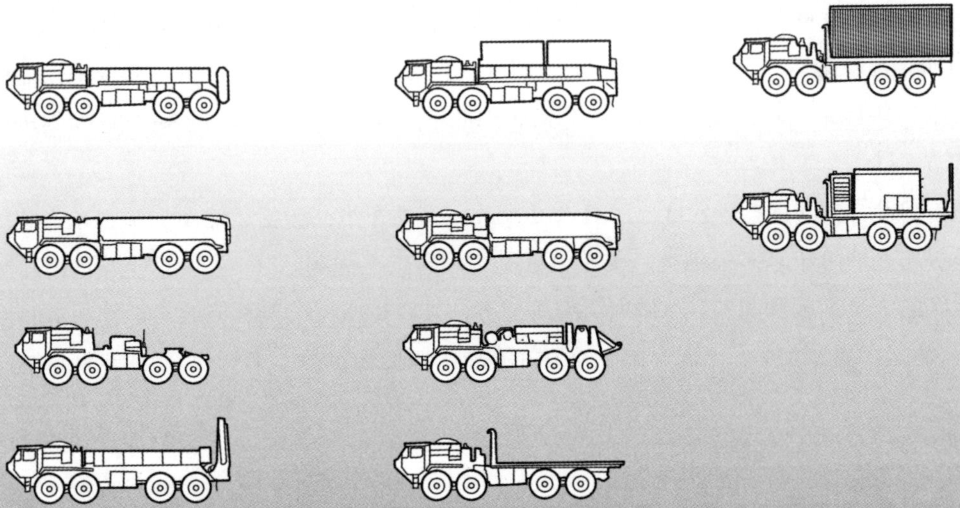

这一车族变型车数量众多，用途涵盖了后勤补给、战场监控、作战攻击等多个方面。

1
2
3
4
5
6
7
8

MTVR 战术运输车

美国奥什卡什公司生产的 MTVR 卡车是一款中型战术运输车辆，其全称为“Medium Tactical Vehicle Replacement”，意为中型战术轮式替代车辆，所替代的对象是此前美军使用的 5 t 级战术卡车——5TTR。

20 世纪 90 年代，美国海军陆战队提出了需要一种新型的多用途卡车，其载重量应超过 5TTR，达到 7 t，同时要具备越野性能强、结构简单、可靠性好等特点。长期为美军生产军用卡车的奥什卡什承担了这一计划，经过两年多的时间研制，与 1999 年向美国海军陆战队交付了第一辆 MTVR 战术运输车。

经过美国海军陆战队的试用，发现 MTVR 战术运输车的性能非常优秀。它采用了 6×6 全驱动配置，底盘采用了经过特殊热处理的碳锰钢制成，十分坚固。驾驶室采用了罕见的可折叠设计，材质为轻量化铝合金，大为降低了车辆的自重，确保了同等水平的发动机将更高的动力用于行驶。同时，奥什卡什公司为 MTVR 战术运输车配备了可使用计算机操作的控制系统，通过数据传输信号来取代以往频频出现故障的液压管线，既减轻了重量，又提升了可靠性。

为了确保越野时车辆的稳定性，奥什卡什公司专门研制了一款独立螺旋弹簧悬挂系统，这一悬挂系统的垂直行程达到了以往同类车辆的数倍。使用的 11.9 L 六缸柴油发动机能够提供 425 hp 的动力（这样水准的发动机以往被使用在重型卡车上），令其在各种环境下行驶都动力十足。而且，这款发动机配备了自动调节系统，能够根据车辆载重、路面情况实时调节发动机功率，可在 80%~120% 之间的范围内进行调节。

目前，MTVR 已经发展出了具有 9 个改型车的车组，包括运输车、牵引车、装甲救援车、清障车等多个种类。美军将其基本型号定型为 Mk.23，主要承担美国海军陆战队的人员运输和 M777 榴弹炮牵引等任务。MTVR 所有车型都能通过运输机进行空运，满足了美军“24 小时全球兵力投放”的要求，因此在世界上多个地区都能看到该车。

MTVR 战术运输型和物资运输型

战术运输型采用了全封闭设计，主要用于运输一些重要作战物资。

物资运输型同样具备 MTVR 的一系列优点，但车厢为半封闭，通常用来运输补给物资。

所有 MTVR 都能通过 C-130 运输机进行空运，以便快速投放。

1
2
3
4
5
6
7
8

RG-35 装甲运兵车

BAE 系统公司地面系统部南非公司在防地雷车研制生产方面有着深厚功底，其 RG-31 和 RG-33 系列防地雷车已经大量装备到美国、意大利、瑞典、德国等西方国家的军队。2009 年，BAE 系统公司地面系统部南非公司又推出了新的 RG-35 防地雷装甲运兵车。

为了设计 RG-35，BAE 系统公司地面系统部南非公司结合了 30 年来积攒的装甲车辆丰富的设计经验，并对现在及未来的战场威胁进行大量细致的分析后，才拿出了最终方案。比如考察了阿富汗地区使用的 RG-31、RG-32 防地雷车意外翻车事故，认为前置发动机设计所带来的车头过重问题可能是造成翻车的主要原因，所以新型 RG-35 防地雷装甲车在设计时就将发动机布置在靠近车体中央处，以保持重心。从外形上看，RG-35 防地雷装甲车显得很敦实，而且工艺处理也很不错，整体给人以威武的感觉。RG-35 在结构设计上大量采用了模块化设计思想，能够很方便地根据作战需求衍生出多种变型车。其模块化动力舱（包括发动机和变速箱）不需要借助其他特殊工具，仅凭随车所配的几样简单工具即可实现整体拆卸，而且所需时间不到 30 分钟。

RG-35 装甲车的车首和车体都采用楔形装甲，其中车首楔形装甲倾斜角很大，特别是车首下装甲倾斜角已达 70° 左右。这种设计既是为了提高防护的需要，也是为了更紧凑地设置一些必不可少的附件。例如 RG-35 的车首灯就被设置在车首下装甲的两侧下方，并用竖条状防护隔栅加以保护；在车首下装甲中央两侧设有固定的牵引环；车首下装甲中央是设计独特的牵引绳放置处。

RG-35 防地雷装甲车在动力系统方面的最大亮点是采用了先进的混合电驱动技术。这种动力系统的优点在于能使发动机一直保持在最佳工况状态，动力性好，而且能够大幅提高燃油经济性、降低废气排放量。该系统包括两台电动机和一台柴油发动机，既可由蓄电池的电力带动电动机直接驱动车辆；也可由发动机提供电力，让电动机驱动车轮转动。由于动力系统性能出色，RG-35 最大公路速度能达到 115 km/h，最大公路行程则高达 1000 km。而且该车也很重视越野能力，最大越野速度也可达 85 km/h。

一辆 RG-35 装甲运兵车一共能运输 15 名士兵（包括两名驾驶人员和 13 名载员）。由于 RG-35 内部空间较大，所以乘载员乘坐起来很宽敞，丝毫感觉不到拥挤。而且

RG-35 MIV

基本规格

全重：18130 kg
全长：7.4 m
宽度：2.5 m
全高：2.7 m
操作人数：2
输出功率：458 hp
最大速度：110 km/h

自身装甲

14.5×114 mm 穿甲弹	200 m 外
115 mm 高爆榴弹	30 m 外
地雷	10 kg 级

加装装甲

大口径枪弹或小口径炮弹	500 m 外
115 mm 高爆榴弹	25 m 外
地雷	12 kg 级

装甲运兵车，RG-35 系列的基本型号。

RG–35 装甲运兵车

其驾驶舱和载员舱之间并没有明显的分界——在车内正中有一个比较宽的通道直接贯通驾驶舱和载员舱。为了让乘员能够长时间保持良好的体力，RG–35 不仅设置了舒适的座椅，而且还在每位乘载员座椅后上方开设有空调冷气出风口，确保在炎热气候条件下给乘载员提供一个适宜的环境温度。

RG–35 既然被称为防地雷装甲车，自然在防护力上不含糊。它在设计上大量采用了南非“艾考瓦”装甲车的经验，全车为高强度装甲钢焊接结构，V 形底盘，装甲防护水平达到了北约 STANAG 4569–4 级标准：对动能弹，可抵御 14.5 mm × 114 mm 穿甲弹在 200 m 外的直射（包括防弹风挡和观察窗在内均可达此标准）；对炮弹，可抵御 115 mm 高爆榴弹在 30 m 外的爆炸冲击波和弹片；对地雷，车底中央和每个车轮均可防 10 kg 装药的反坦克地雷。为了保护乘载员不被地雷爆炸所产生的冲击波或破片伤害，车内座椅底板都进行了装甲强化处理。此外，如果 RG–35 在危险性很高的地方执行任务，还可以加挂附加装甲来进一步增强防护，其中车首上下、车体两侧和车尾加挂 50 mm 厚附加装甲，V 形车底加挂 120 mm 附加装甲。在加挂附加装甲后，RG–35 的防护能力可提高到 STANAG 4569–5 级标准：对动能弹，可抵御 25 mm APDS–T（M791）或 TLB 073 炮弹在 500 m 处的直射；对炮弹，可抵御 155 mm 高爆榴弹在 25 m 外的爆炸冲击波和弹片；对地雷，车底中央和每个车轮均可防 12 kg 装药的反坦克地雷。

除装甲防护之外，RG–35 防地雷装甲车还装备有激光告警器、烟幕弹以及整体式核生化防护装置。

现代装甲作战车辆中几乎都配备了三防装置。所谓三防，指的是防核辐射、防生物武器、防化学武器。三防装置通过伽马射线报警器和毒剂报警器发现核生化威胁，同时控制装置会自动关闭车辆的所有窗、孔，并启动净化装置，将外部空气净化后才会送入车内，避免车内士兵受到核生化伤害。

RG-35 RPU

侦察巡逻车，车身更加紧凑短小，搭载人数也比较少。

RG-35 IFV

步兵战车，采用了 6×6 设计，在它的基础上发展出了多种车型，如自行炮车、牵引车、火箭发射车等。

HETS 重型装备运输系统

HETS 是美军的一系列重型装备运输系统（Heavy Equipment Transport System，缩写：HETS），用于在战场上部署、运输、修复具有战斗负重的坦克或其他具有相当重量装备的车辆。

HETS 的发展要追溯到 1965 年，美国克莱斯勒公司与当时联邦德国福恩公司和克虏伯公司联合进行用于运输 MBT-70 坦克的重型装备运输车的研制。1966 年，克莱斯勒公司采用联邦德国提供的底盘和驾驶室完成了两辆重型牵引样车的研制。1967 年，这两辆样车与联邦德国生产的样车一起进行试验。1970 年，由于 MBT-70 计划被取消，两国开始分别研制自己的坦克和运输车辆。联邦德国继续发展重型运输车，福恩公司生产出取名为 SLT-50 的重型牵引车。美国生产出三辆 8×8 重型牵引样车，后来这种牵引车被正式命名为 M746。美国军方将生产合同交给了沃德公司，该公司于 1975 年生产出第一辆 M746 牵引车，供货一直到 1977 年。M746 牵引车用于牵引 M747 半挂车，主要用于运输重型坦克，也是最早被称为“HETS”的运输车辆。

美国陆军装备 M1“艾布拉姆斯”主战坦克后，需要新的坦克运输车。奥什卡什公司便生产 8×8 型 M1070 牵引车和 M1000 型半挂车组成新型重型装备运输系统。1990 年初，美国陆军与该公司签订了 1044 辆 M1070 牵引车的生产合同，到 1996 年共生产了 1500 辆。

M1070 牵引车采用 Detroit 8V-92TA 型 12.1 L 水冷柴油发动机，带有 DDEC II 电子控制系统，功率为 503 hp，配有 5 个前进挡的 Allison CLT-754 自动变速箱和两挡奥什卡什 55000 型分动箱。悬挂系统上，采用单轴前桥和三轴后桥的布置，前桥采用钢板弹簧悬挂（带有液压减振器），后三桥采用空气弹簧悬挂。此外，车载两个 25 t 液压绞盘，用于拖动装载对象。由 M1000 半挂车和 M1070 牵引车组成的重型装备运输系统可以由 C-5A 和 C-17 运输机空运。

投入使用后，M1070 型牵引车和 M1000 型半拖车已经取代 M911/M747 型车，成为美国陆军中最主要的重型装备运输系统。

M746+M747 组成第一代 HETS

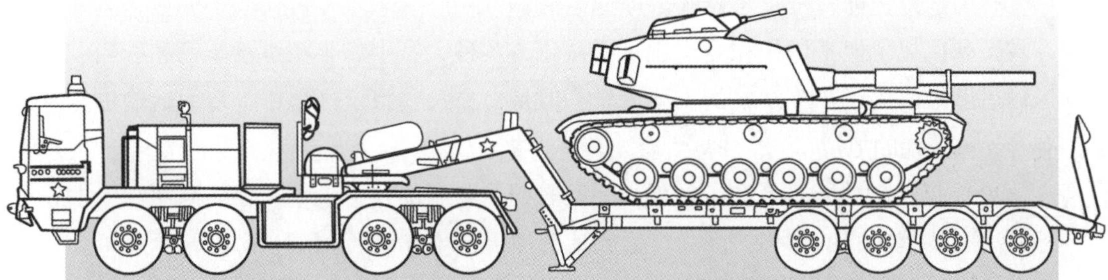

运载对象主要是美军的第一代主战坦克 M60。

M1070+M1000 组成第二代 HETS

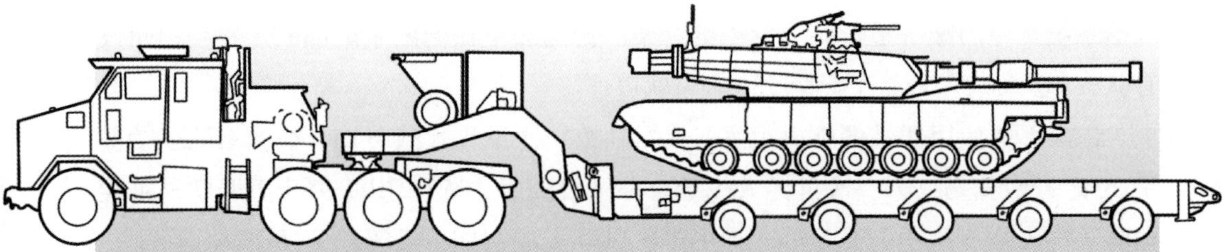

运载美军目前的 M1“艾布拉姆斯”主战坦克。

专题：现代作战运输还依靠畜力吗

利用畜力，也就是骡马等牲畜进行运输，给人们的印象是古代战争的典型运输方式，现代战争似乎已经完全实现了机械化，各种大、中、小型运输车辆和舰船、运输机已经成为了军事运输的主要力量。但是，在某些特定环境中，畜力运输依然有着无可替代的地位。

2003 年以来的阿富汗战争的作战经验表明，重型的自行火炮在很多高原和山地都无法施展其应有的作用，因为交通和地形原因，炮车通行困难，翻山越岭的机动能力甚至不如人力，作战效率很低。

以德军为例，德军驻阿富汗维和部队的 PZH2000 型 155 mm 自行榴弹炮，是世界最先进、作战能力最强大的榴弹炮，这种重量高达 55 t 的火炮，最大射程超过 40 km，操作全部自动化，能够自动装填和开火，具有超高的射速，能在 9 秒时间内发射三发炮弹，50 秒内发射 10 发，一分钟之内发射 13 发炮弹，两分 30 秒发射 20 发炮弹。但是，如此先进的火炮，因为重量太大，机动性差，只能部署在阵地里，充当固定炮台。

因为完全自行化和机械化的炮兵不适应山地作战，德国陆军又想到了骡马化炮兵的好处。因为骡马可以适应绝大多数地形，而机械化部队就没有那么灵活。德国坚持在山地部队采取机械化和骡马化混编，主要运输和机动方式使用骡子或马匹，武器系统都专门配备适合骡马负载的背架。德国陆军在德国东南部的拜恩自由州设有驮载部队训练基地，下设第 230 辎重驮兽连。

德国军队使用骡马的历史很悠久，早在第一次世界大战时期，德国军队就动员了 30 多万匹骡马，第一次世界大战结束德国投降时，其剩余的 20 余万匹骡马被英国和法国以战争赔偿名义瓜分。到第二次世界大战初期，纳粹德国的军队实际上是一支半摩托化半骡马部队，其军队骡马的保有量高达 59 万匹，运输能力远远超过建制内的汽车部队。

第四章

高机动车

所谓全地形车是什么

全地形车是指可以在任何地形上行驶的车辆，最大特点是可以在普通车辆难以行驶的地形上行走自如。通常所见的全地形车是一种与摩托车十分相似的车辆，且许多部件与摩托车通用，所以也有人称其为“四轮摩托车”。该种车型具有多种用途，且不受道路条件的限制，在北美和西欧应用较广。

全地形车的军用潜力已经被越来越多的军队所认识，其发展方兴未艾，不仅家族庞大，而且型号繁多、造型新颖。如今，全地形车更出现了一种小型化的趋势，服务于特种部队。

美国在几场局部战争中就投入了“运动员”700MV 全地形车，受到美军官兵极大的好评。除此之外，美军还采用了奥什卡什卡车公司研制的防地雷反伏击全地形车（MRAP All Terrain Vehicle，简称 M-ATV）。M-ATV 具有防护水平高、轻型、越野能力强、高机动的性能特点，用于美国陆军旅级战斗队在山地、乡村和城区等行动受限制的环境中执行多种任务，包括驾车巡逻、侦察、警戒、护送、通信、指挥、控制和战斗服务支援等。

根据 CIA 的情报显示，阿富汗全国仅仅有 12000 多千米道路。更多的还是狭窄的山道、风化的沙地、锯齿状的岩石和转弯半径极小的山路。装备了 M-ATV 之后，美军的机动部队可以在这些地区畅行无阻。同时，M-ATV 强大的防护力能够大为减少美军遭遇简易爆炸装置时的伤亡。

目前我国对民用全地形车如何划分

根据排量大小并结合车辆的外部特征，通常将全地形车分为三大类：少儿型，排量小于等于 90 ml，主要供少年儿童使用；实用型，最大特征是增设了前后置物架，具有多种功能且实用性强；运动型，流线外形，适合高速、飞跃、特技等，主要用于娱乐和竞赛。

民用全地形车

民用全地形车，即通常所说的沙滩车。

M-ATV

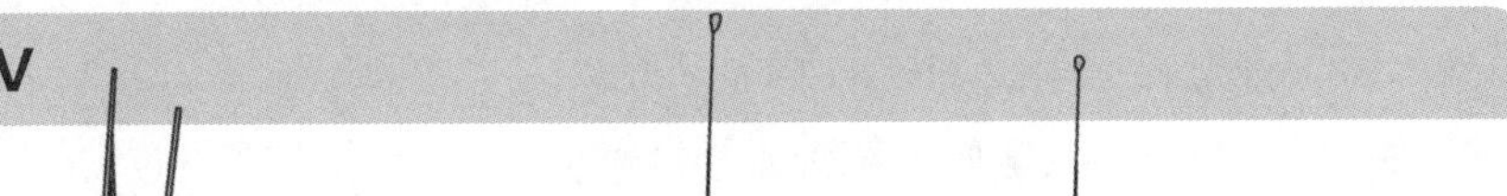

奥什卡什公司研制的防地雷反伏击全地形车。

Sd.Kfz 系列特种机动车

20 世纪 30 年代，德国纳粹政府上台之后，暗中开始重整军备。德国陆军考虑到当时使用的 Kfz.13 型装甲车性能落后，迫切需要一种新型高机动的装甲车辆。用来取代 Kfz.13 型装甲车的是霍希公司研制的 Sd.Kfz 221 特种机动装甲车。

Sd.Kfz 221 特种机动装甲车是一款采用了 4 × 4 驱动设计的高机动作战车辆，主要作为部队的轻型侦察车使用。它采用标准的霍希 801 型重卡车底盘，多边形的装甲车体和炮塔。后部发动机是 90 hp 霍希 3.5 L 汽油发动机，公路行驶速度为 80 km/h，越野速度为 40 km/h，一次满油约行驶 300 km。最初配属装甲师侦察营，由于欧洲各国有良好的公路网，机动性差的弱点未能表现出来，之后投入到东线及北非战场，恶劣的地理环境就限制了该车的使用，到后来被 Sd.Kfz 250 半履带装甲车所代替。

Sd.Kfz 221之后，霍希公司还推出了改进型Sd.Kfz 222。Sd.Kfz 222改动的地方很多，首先是其船形车身被重新设计，同时在车身后部倾斜角度加大，车身更接近金字塔形。在武器方面，Sd.Kfz 222 也得到了加强。相比于 Sd.Kfz 221 的主武器仅有一挺 MG 34 机枪，Sd.Kfz 222 的炮塔得到了加强，能够搭载一门莱茵金属公司生产的 20 mm 口径机炮，机炮旁边还有一挺 MG 34 同轴机枪。动力方面，Sd.Kfz 222 使用了霍希 3.8 L 汽油发动机，公路行驶速度提升到了 90 km/h，行程也增加到 347 km。

Sd.Kfz 223 则是基于 Sd.Kfz 222 的使用经验继续改进的型号。在实战中，德军发现 Sd.Kfz 222 车身过重，一定程度上影响了其机动性和越野能力，因此生产 Sd.Kfz 223 进行了部分简化。比如除去了其庞大的炮塔，改为使用重量更轻的小型炮塔，炮塔的位置也稍微偏后。更为重要的是，Sd.Kfz 223 上搭载了更加完善的无线电通信系统，已经初具了现代步兵战斗车辆的雏形。在其车身顶部，安装有能够折叠收起的天线。

第二次世界大战中日军的九二式骑兵装甲车

此型骑兵战车主要装备骑兵旅团与日军野战师团的骑兵联队，用于战场火力支援、快速突袭与追击任务，装备的 13.2 mm 机枪当时的轻型坦克有很大破坏力，不过自身装甲防护也较弱，因此无法引导步兵冲锋。

sd.kfz 系列

Sd.Kfz 221

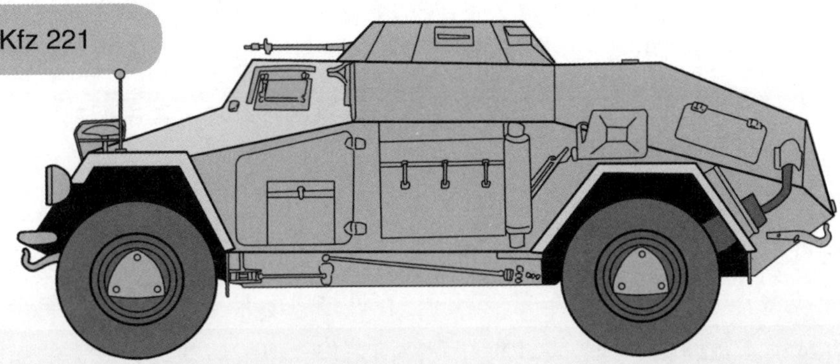

Sd.Kfz 222

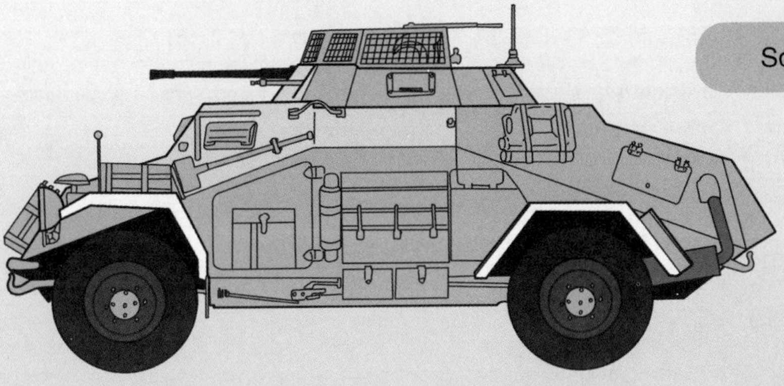

Sd.Kfz 223

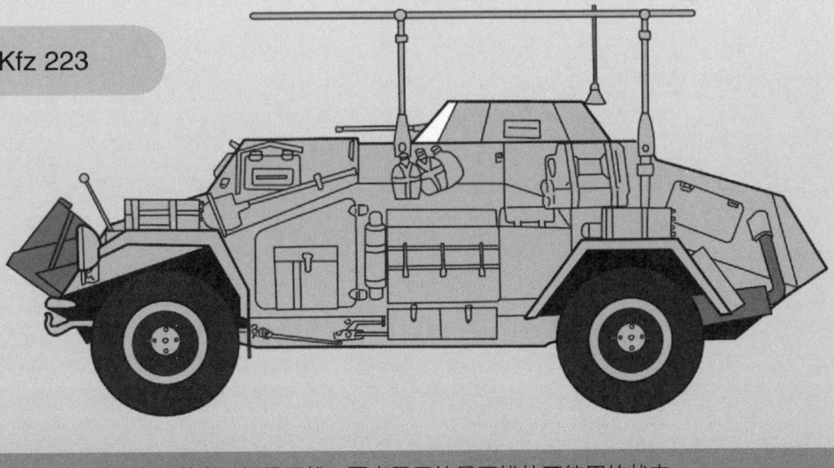

Sd.Kfz 223 车顶装有可折叠天线，图中显示的是天线伸开使用的状态。

乌尼莫克和乌尼莫克 S 高机动车辆

乌尼莫克（Unimog）是世界著名的越野车品牌，它凭借其产品优异的机械结构和无与伦比的综合性能，在越野车辆的领域里有着无可撼动的地位。乌尼莫克的创造者阿尔贝特·弗里德里希原本是戴姆勒－奔驰旗下航空发动机设计部门的主脑。他在第二次世界大战期间就想到了设计小型牵引车的概念，在 1945 年战争结束后立刻着手开新车的设计。虽然一开始乌尼莫克是以农耕机具的身份起造的，但它在设计理念上与传统的牵引车完全不同。在许多协助弗里德里希开发新车的人士中，曾在战前于戴姆勒－奔驰发动机开发部门工作、但战后却成为农夫的海因里希·勒斯勒尔是贡献最大的人，提供了许多关于农耕车辆的宝贵经验。

弗里德里希最初希望制造的是一辆“发动机动力的农业用途泛用机具”（engine-powered universally applicable machine for agriculture）。这辆开发中的新车使用四轮驱动系统，有四个等尺码的车轮（一般牵引车前后轴上的车轮往往是不同大小），可以当作牵引机、农机载台、固定工作平台与输送车使用，输出最大可达 25hp，拥有六速变速箱，目标最高车速 50 km/h。

1946 年下半年，弗里德里希成功地制造出第一辆试作车，有着倾斜的车头发动机盖、软顶的驾驶舱与舱后的载货平台，整体的造型已经与后来实际量产的车辆非常一致。在此同时，新车也首次获得正式的命名——Universal-Motor-Gerät（泛用自走机具，universally applicable motorised machine），缩写就称为“Unimog”。

1950 年，戴姆勒－奔驰收购乌尼莫克，并随后推出了备受军方青睐的乌尼莫克 S 系列军用全地形卡车。乌尼莫克 S 在设计上具有椭圆形散热器格栅以及内嵌式圆形大灯，这是当时戴姆勒－奔驰商用车的典型设计。乌尼莫克 S 具有更长轴距，主要为军用设计（在 1956 年联邦德国军队成立的背景下）。在乌尼莫克 S 的生命周期中（到 1980 年一直生产了 25 年），联邦德国军方一直是这个版本的超级大客户，使它成为了乌尼莫克历史中最畅销的车型系列。由于卓越的越野能力，乌尼莫克 S 广受世界各地军方欢迎，第一批乌尼莫克 S 之中就有部份销售给法国军方。多年来，乌尼莫克 S 不仅受到军方青睐，在民用领域同样备受欢迎。

乌尼莫克 S 系列 404

乌尼莫克全方位防护运输车

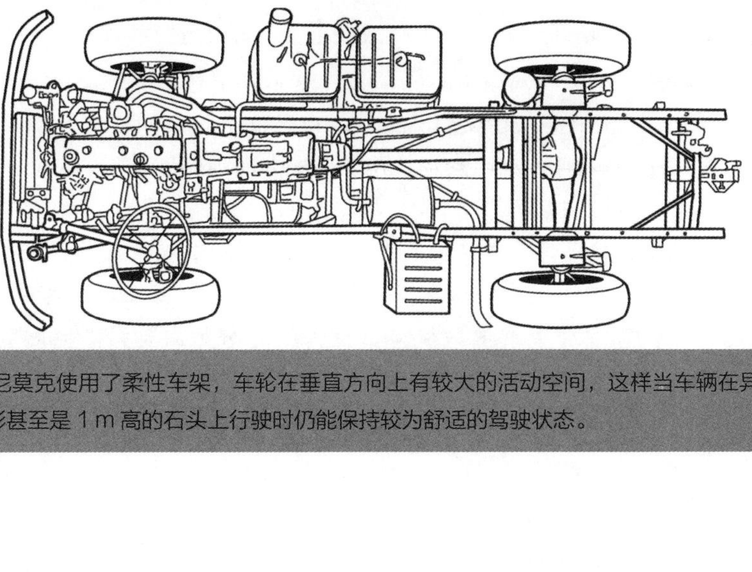

乌尼莫克使用了柔性车架，车轮在垂直方向上有较大的活动空间，这样当车辆在异常崎岖的地形甚至是 1 m 高的石头上行驶时仍能保持较为舒适的驾驶状态。

北极星 MRZR 高机动多用途车

美军特种部队在中东作战时发现，敌后执行远程侦察或突击作战任务时，士兵的快速机动能力至关紧要。然而，悍马等越野车不适合远程空降 / 机降作战。这些车辆虽行驶性能尚可，但车体过大，不适合特种作战直升机运输。

对于周围随时可能有敌对武装出没的敌后空降 / 机降行动来说，额外的吊挂时间长短，与行动成败息息相关。此外，采用外挂方式运输车辆还需额外的准备时间，车辆上的枪械和任务装备都需捆绑固定，不然意外情况发生时枪械和装备都可能损毁，为精心策划的任务平添变数。

为解决这个问题，2005 年以来美军陆续装备新款北极星 MRZR 高机动多用途车，主要供游骑兵部队使用。由于这款车车体结构紧凑，可以直接开进 MH–47 或 MV–22 的货舱，无须拆卸任何装备，让特战小组执行敌后渗透和突击任务时能拥有更强的机动力和火力。

陆军版的北极星 MRZR 高机动多用途车车体前方安装排用机枪的固定支座，意味着两辆陆军版全地形车就能拥有和步兵排差不多的进攻火力，同时还可携带额外的肩扛式反坦克武器，甚至是 40 mm 自动榴弹发射器，因此使行动组的火力大为提升，一旦深入敌后遇伏击，人单势孤的侦察兵们可以“连打带跑”，摆脱敌方尾随追击。

这种全地形作战车辆不仅防雷，还适合山地行驶，速度快、重量轻，越野能力更强，这些优点令它在美军中十分受宠。过去，美军在战场上使用的车辆大多比较笨重，尤其是防地雷反伏击车，虽然厚重的装甲能保护车内士兵安全，却失去了战场的机动性和越野性能。如今，包括北极星 MRZR 在内的新型轻型车辆，虽然在对士兵的保护方面有所欠缺，但是却能确保士兵在战场上尤其是山地、沙漠中的快速移动能力，被称为“战地游侠”。

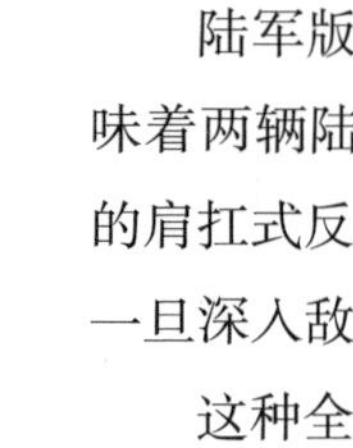

美国陆军游骑兵部队

美国陆军游骑兵是陆军的精英。1942 年，美军建立了第 1 游骑兵营，该部队在北非登陆作战中表现优异，成为美军游骑兵的发源。如今，一名陆军士兵只要通过游骑兵学校训练，就会获授游骑兵臂章、承认拥有游骑兵资格。这时既可以选择返回原单位服役，也可加入第 75 游骑兵团成为特种部队的一员。

小型突击车辆——北极星 MRZR

北极星 MRZR 救援车，尾部及后排座椅被改为两具担架，用于战场上伤员转移。

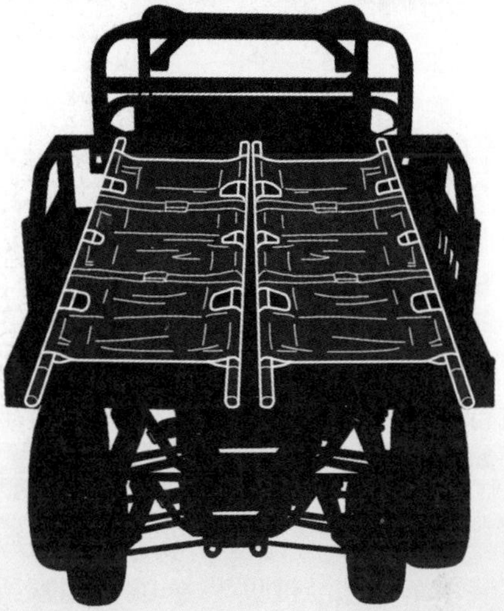

车身尾部为行李舱，能够容纳 4 名士兵所需携带的全部装备。

北极星 MRZR 可以说是专门为空降作战而研制的车辆，适合空投后直接在地形复杂的地区越野战斗。

潘哈德 VBL 机动侦察车

潘哈德 VBL 是世界 4×4 轮式装甲车中的著名品牌。它最早以“先出口后内销”打开知名度。1985 年，第一批 40 辆法国潘哈德公司研制的 VBL 4×4 轮式装甲车销给了墨西哥，受到用户肯定，也促使法军下决心订购。1988 年，法军正式装备潘哈德 VBL。潘哈德 VBL 车小体轻，战斗全重 3.59 t，配 2~3 名乘员。它机动性强，四轮驱动，公路最大速度 100 km/h，最大行程 750 km。而且，它还具有水上推进系统，能够执行两栖作战任务。在防护和火力方面，潘哈德 VBL 也丝毫不逊色，车上装有“三防”装置，装甲板和防弹玻璃可抵御轻兵器火力袭击。它有很好的武器适应性，可根据部队需要装备多种不同类型的武器系统。总体来说，它是一种整体性能良好的轻型装甲车，已经被世界上 16 个国家所采用。

变型车多是潘哈德 VBL 的一大特点。除装甲车、装甲输送车外，还有 VBL 雷达车、VBL 装甲侦察车、VBL 反坦克导弹发射车等。

所有这些车型中，配置“短号”反坦克导弹的 VBL 反坦克导弹发射车是同系列车型中最受欢迎的。1991 年海湾战争时，有关俄制“短号”反坦克导弹击毁美国 M1“艾布拉姆斯”坦克的消息传遍世界。“短号”的优点是既能有效反坦克，还能打其他坚固目标。它采用激光半自动指令制导，最大射程 5.5 km。它备有两种战斗部：反坦克时用串联空心装药破甲战斗部，可击毁安装爆炸式反应装甲的当代一流坦克；打坚固阵地时用温压战斗部，可摧毁比较厚的钢筋混凝土工事或地下掩体。许多本来钟意“陶”式反坦克导弹的国际反坦克专家把兴趣点移向“短号”。潘哈德公司借助法俄防务合作发展势头较好的条件，几经努力，终于实现了与“短号”生产商俄罗斯仪表设计制造局的合作。

VBL“短号”车配备“短号”反坦克导弹的“四重奏”单人炮塔，可直接发射 4 枚待发弹而不必重装，一次齐射可用一个激光束制导两枚导弹攻击同一个目标。VBL“短号”反坦克导弹发射车融合了潘哈德 VBL 机动性强和“短号”攻击力强的特点，提升了车辆整体作战能力，已受到多个国家陆军重视。

VBL 的作战用途

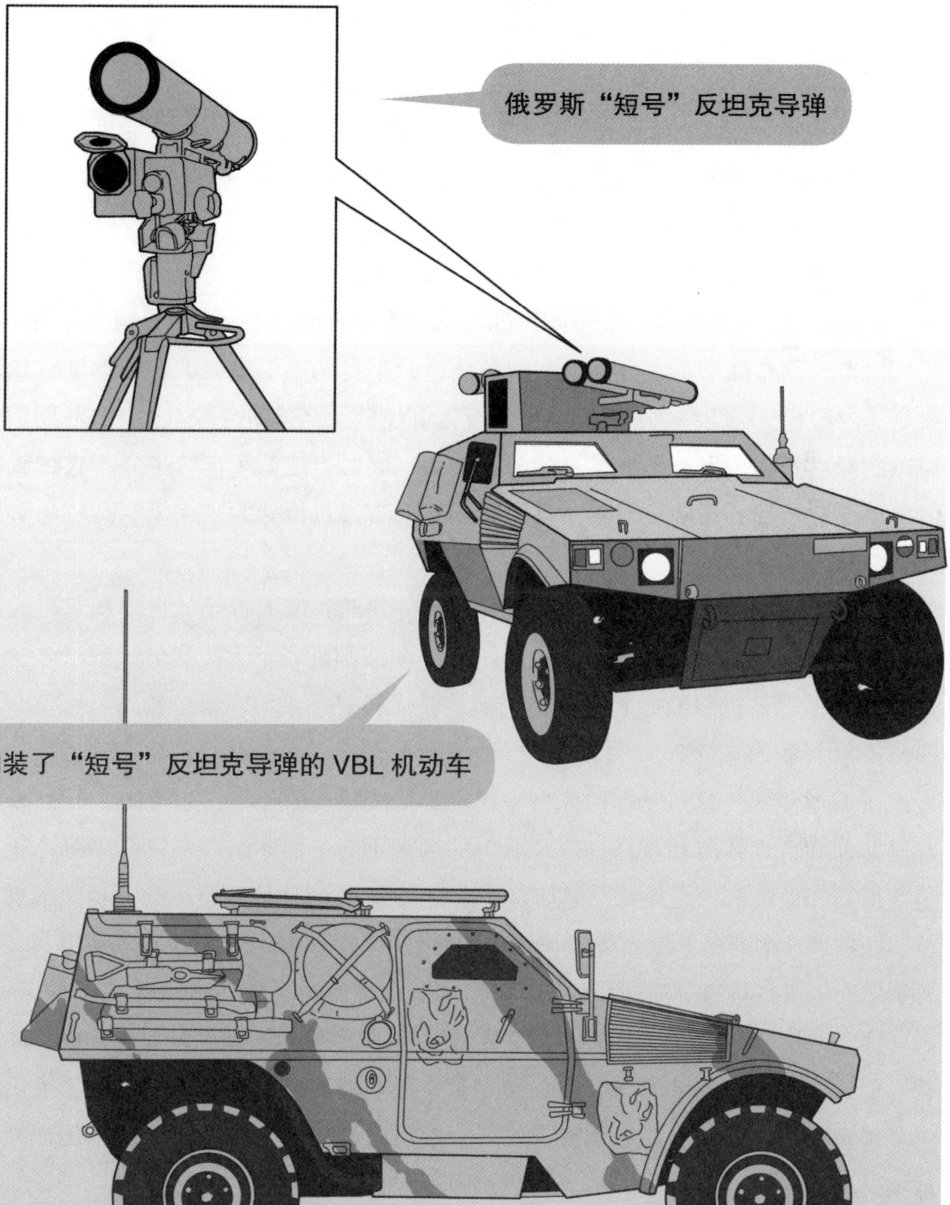

主要用途：侦察作战、运输士兵、战场救援、雷达通信、反坦克作战等。

“疾风”高机动车

1 2 3 4 5 6 7 8

20 世纪 80 年代晚期，看到美军装备的悍马系列越野车的出色表现，日本国防部决定由丰田汽车研发一款具有相似性能的通用指挥车。最终在 1992 年，丰田完成了一款高机动性的通用军车，并由日野汽车大规模生产。日本陆上自卫队称其为“疾风”，也有很多人将其称作“日本悍马”。

“疾风”高机动车和其他一些越野车辆的用途相似，主要用于班一级的人员运输和补给搬运，可以搭载一个班的作战人员（10 名步兵），还能牵引小型火炮。

“疾风”高机动车本身并没有配备装甲，车身采用了多层玻璃纤维真空成形，在车身内部有一层防弹层，一定程度上可抵御小口径枪弹和炮弹弹片。实际使用时，可以选择可外挂装甲，提高车身的防护能力。同时，这款车车内也并不自带武器，但可以安装枪架，通常日本陆上自卫队的士兵会通过枪架为“疾风”高机动车配备 FN Minimi 轻机枪。

在动力方面，“疾风”高机动车采用了直列四缸配上冷热气自动调节机的电子控制式丰田 15B-FTE 柴油发动机；行进系统方面则配备了无段式电子限滑差速器、4WD 四轮驱动和三级减速装置。四轮都是双 A 臂悬吊系统，每个轮胎可互换，而且即使轮胎中弹仍能行驶。

丰田“疾风”高机动车的原型车悍马是冷战时期的产物，是替代美军 M 系列吉普车并拥有更大载荷和更具备改装潜力的通用平台。而丰田“疾风”高机动车虽然是在悍马的平台上二次开发，但却是一款符合 21 世纪作战新思维的多功能进攻性载具。在满足日本列岛本土作战的基础上，拥有可空运空投、搭载于日本海军“日向”号护卫舰上进行抢滩登陆作战的能力。

如在“疾风”高机动车基础上发展出的 96 式多用途导弹发射系统，以弹体与包装发射箱一体化存储的发射装置加装在“疾风”高机动车而成。发射箱体可用液压千斤顶进行角度调节，一般在发射状态时发射箱与载具呈 30° 夹角，采用光纤传输数据，根据危险程度发射多枚导弹攻击不同目标。

"疾风"

全重：2560 kg　　操作人数：2 名乘员 +8 名载员
全长：4.91 m　　输出功率：150 hp
宽度：2.15 m　　底盘高度：可调节高度
全高：2.35 m　　最大速度：120 km/h

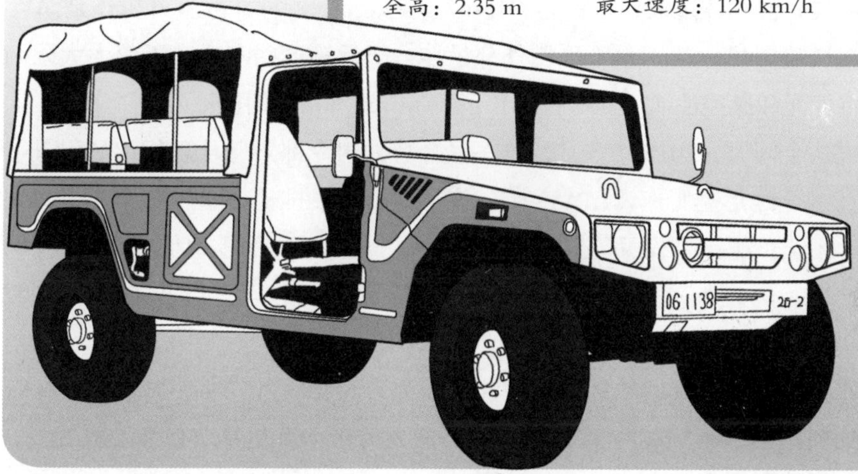

96 式多用途导弹发射系统

发射箱能够在 30° ～90° 之间进行调整，从而打击不同高度的目标。

LTATV 轻型全地形车

LTATV 轻型全地形车和北极星 MRZR 高机动车的研制背景是一样的，都是在美军特种部队总结中东地区的作战经验后发现当时的许多军用车辆虽然在行驶性能方面可以满足需要，但车体过大，不论是 MH–47“支奴干”特种作战直升机还是 MV–22“鱼鹰”倾转旋翼机，都不得不采用外部吊挂方式运输这些车辆，不仅大大限制直升机的飞行性能和操控性能，同时也延长了装备卸载和准备时间。

为了解决这个问题，2015 年 5 月，美军联合特战司令部紧急从现货市场引进了一款轻量型战术全地形越野车（LTATV）。该车采用了小排量日本川崎摩托车汽油机和四轮传动系统，能够装载两名全副武装的士兵，车体后方的小型货台能装载 500 磅（约合 227 kg）的装备。由于车体结构极为紧凑，因此可以直接开进 MH–47 或 MV–22 的货舱。

美国陆军侦察兵部队紧随特种部队采购了加大版的 LTATV，主要特点是车体延长，座位增加到 4 个，让 LTATV 可以载运一个五人侦察小组及其全套个人装备。以 CH–47 和 CV–22 的机舱大小及载荷来看，一次足以载运两辆陆军版 LTATV，这相当于一个满编的步兵班。陆军版 LTATV 在车体前方安装有武器基座，能够安装机枪或者榴弹发射器。

目前，LTATV 已优先装备了在中东、阿富汗等地执行任务的美军侦察兵和特战群单位使用。

MH–47“支努干”运输直升机

MH–47 是美国波音公司制造的一款多功能、双发动机、双旋翼的中型运输直升机，其主要任务是部队运输、火炮调遣与战场补给。该型机的独特之处是其双旋翼纵列式结构免除了一般直升机需要的尾部垂直旋翼。

军用版沙滩车

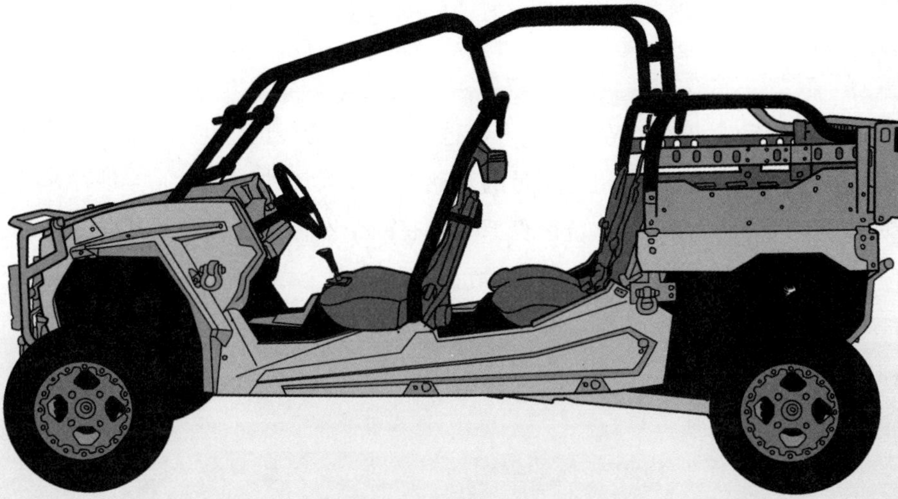

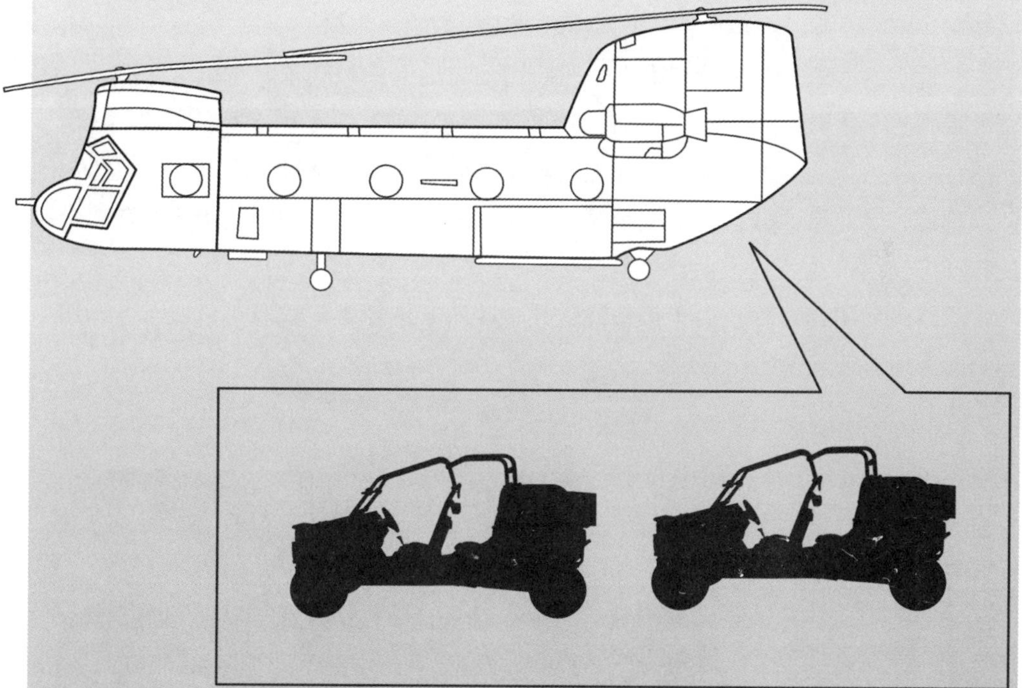

LTATV 主要以直升机或者运输机空运进行大范围转移部署，作战机动性非常强。

1
2
3
4
5
6
7
8

专题：能被当作全地形车使用的沙滩车

沙滩车是一种主要在海滩或沙漠等沙地上面行驶的轻量化越野车辆，通常拥有简单轻量化开放式车身结构，扭力充足的发动机以及大尺寸的越野胎。沙滩车一般是三或四轮摩托车，只有一个座位（少部分也有两个座位），驾驶者通过车把来控制方向。虽然习惯上称其为沙滩车，但实际上它的英文全称为“All Terrain Vehicle”，字面理解就是“适合所有地形的交通工具”。顾名思义，它比其他的车辆适合更多的地形。尽管有些国家，沙滩车可以在道路行驶，但是大部分国家未将沙滩车列为符合道路安全法的交通工具。

沙滩车最早出现于1950年代的美国加州南部，一开始只是一些业余人士将想要报废的旧车外壳拆掉后，在残存的底盘上装上大型越野胎而做成的改装产品，但之后渐渐开始有专业以特定车款的结构为基础所改造的沙滩车。

在软质的沙地上，沙滩车宽大的轮胎增加与地上接触面积产生更大摩擦力，配合独特的胎纹使轮胎不易空转打滑，而容易行驶于沙地。正是由于具备了这一特性，品质良好、性能优良的沙滩车不仅能行驶于沙滩，河床、林道、溪流甚至更恶劣的沙漠都能轻易克服。载送人员或运输物品使沙滩车的功能发挥淋漓尽致，堪称全能的行动工具。

除了民间用途之外，由于机动性优异，沙滩车也经常被政府单位或军方利用，作为恶劣地形区域内的交通工具。

第五章

战术车

1
2
3
4
5
6
7
8

什么是战术车

虽然在很多国家的军队中，尤其是特种部队中，通常都会有一种被称为“战术车”的作战车辆。实际上，这种车辆并不是具体指卡车、吉普车这些具体的车型，更像是一种能够符合作战战术的交通工具。

通常来说，战术车是为了适应某种战术而研制出的车辆。比如特种部队使用的战术车会被要求具有以下几种性能特点：能够单独进行长时间巡逻、侦察、攻击等任务；并且需要能搭载 3 ~ 4 名作战人员和充分的武器、弹药、装备、粮食以及通信装置等；具备较普通车辆更强的机动性能，能在沙漠、雪地、山地等多种环境中顺利行驶；为了便于执行各种紧急任务，必须能够通过直升机进行空运等。

从这一点来说，很多军用车辆都属于战术车，像能够用于前线作战的战术卡车、越野车、全地形车等。从用途上来说，战术车更强调的是作战能力，因此目前各国的战术车更像是一种突击车或冲锋车。

很多战术车都采用敞开式钢架结构，钢架用优质高强度合金材料焊接而成。采用这种设计，可以使战术车尺寸变小、重量减轻，且坚固耐用，也不需要复杂和昂贵的制造设备，更加适合突击作战。敞开式钢架结构承载所有的机械部件，并与翻滚护架连成一体。在许多情况下，翻滚护架也可承载人员，或作为武器装备的安装平台。

美军使用的 FAV 三座型快速突击车（Fast Attact Vehicle）就是典型的战术车。FAV 的底盘与防翻滚框架连成一体，采用敞开式高强度铬合金管形钢架焊接结构，前盖由玻璃纤维材料制成、舍弃了装甲防护，以求减轻车重。驾驶员位于车前左侧，右侧是副驾驶员兼射手位置，发动机后置，发动机和驾驶员中间是车长兼射手位置。

在 1991 年的海湾战争中，FAV 是多国部队第一批开进科威特的军用车辆，美国“海豹”特种部队曾多次驾驶它高速行驶于科威特和伊拉克境内的沙漠，迂回在伊军侧翼和后方，赢得了有效攻击的先机，屡建奇功。战后它又担任了保卫美国驻科威特大使馆的任务。其轻便、灵活、快速、火力猛等特点倍受参战人员的好评，其杰出表现一时成为瞩目的焦点。

战术车的定义

并不是特指某一类型的车辆

- 单独执行巡逻、侦察、攻击任务
- 便于空运
- 能够搭载 3~4 名作战人员
- 具备极强的机动性

FAV 三座型快速突击车

ASLV 先进轻型突击车

美国切诺思公司专门为美国陆军、美国海军陆战队和一些国外客户生产战术突击车。美国特种部队装备的第一辆切诺斯突击车是由 4×2 越野赛车改装成的轻型军用车，车全重为 1440 kg，携载量为 400 kg，可搭载两名乘员，车上可安装各种武器，包括“陶”式反坦克导弹。

1996 年，切诺斯公司推出了先进轻型突击车（Advanced Light Strike Vehicle，缩写：ALSV）。ALSV 先进轻型突击车是在 FAV 快速突击车的基础上生产的，但重量更大，发动机动力更强，具备更强的战术灵活性。

ASLV 先进轻型突击车重 1600 kg，长 4.1 m，宽 2.1 m，算上乘员舱上方的顶架高 2 m，其底盘距地高为 0.41 m。ASLV 先进轻型突击车采用保时捷公司制造的 160 hp 柴油机提供动力，可以选择四轮驱动模式，并装有转向助力装置。另外，先进轻型突击车上还装有洛克希德－马丁公司的小口径稳定式武器站支座，便于安装各种轻武器。整车性能和攻击能力都有明显改进。美国海军的“海豹”突击队和海军陆战队都是其主要用户。近年来，其他国家也已经开始采购这种车辆。

ASLV 先进轻型突击车可以在 4 秒钟内从 0 加速至 48 km/h，能够爬上 75° 的斜坡、通过 50° 的侧坡。设置在车辆后部的主要武器站可以实现 360° 旋转。ASLV 先进轻型突击车可以装一挺 M2 式 12.7 mm 机枪或一具 MK–19 型 40 mm 榴弹发射器，还可以随车携带几挺轻机枪和若干枚便携式反坦克武器，包括多种型号的反坦克导弹。这些武器平台可以遥控操作，而且其稳定性非常好，可以在行进中实施准确的射击。

此外，ASLV 先进轻型突击车还可以安装轻质装甲，抵御枪弹或者炮弹弹片的攻击。

ASLV

标准型的 ASLV 搭载的武器是一挺 M2 机枪，由后方乘员操作。

根据作战需要，车顶机枪可以更换为火箭弹发射器或者反坦克导弹。

FMTV 中型战术车

FMTV 中型战术车是美军使用的一种多用途战术卡车，更重要的是其作为一种通用底盘，可根据不同的任务要求和作战需要来更换有效载荷。FMTV 中型战术车源于奥地利军方使用的斯泰尔 12M18 型卡车，但根据美国陆军的需要进行了大幅度修改。

1983 年，美国陆军提出了需要研制一种中型战术卡车的计划。美国斯图尔特－斯蒂文森战术车辆公司最终中标，为了达到美国陆军的要求，斯图尔特－斯蒂文森公司不断改进，先后制造了 15 辆样车。

斯图亚特－斯蒂文森公司的中型战术车辆生产出两种版本：重 2.5 t 的轻便中型战术车辆（LMTV）4×4 和重 5 t 的中型战术车辆（MTV）6×6。两者之间有 85% 的部件和配件可以共用。所有的 FMTV 系列均采用卡特彼勒动力公司生产的大功率柴油发动机、Allison 液压自动传动装置。

在两种基本车型的基础上，FMTV 发展出了一个庞大的中型战术车族。由轻便中型战术车发展而来的主要是篷车型和载货型，有效载荷均为 2.5 t。中型战术车则包括以下车型：载货车（带和不带物资装卸设备）、牵引车、救险车和自卸卡车等。FMTV 将在战斗、战斗支援和战斗后勤支援部队中执行前线拖运、当地拖运、部队机动、部队再补给以及其他任务。

由于看到了 FMTV 的通用性，美国洛克希德－马丁公司和美国海军陆战队曾联合研制基于 FMTV 的新型战斗车辆。首先完成改装的是 HIMARS 火箭炮系统。整个系统包括发射装置、FMTV 底盘和所携带的弹药。和其他 FMTV 中型战术车一样，这套火箭炮系统可用 C-130 飞机运输，加上 FMTV 本身重量比较轻、机动性相当优越，当 HIMARS 火箭炮系统部署在战场之后，能够迅速完成打击并在敌人查明发射地点之前快速撤离。

HIMARS 火箭炮系统

6×6 版本 FMTV 搭载 HIMARS 火箭炮构成的发射系统。

FMTV 车族

雷诺“夏尔巴人”战术车

法国这个崇尚浪漫的民族似乎对越野车兴趣并不高。不过，雷诺公司生产的“夏尔巴人”系列军用越野车却世界闻名。夏尔巴人是聚居于喜马拉雅山脉两侧的少数民族，雷诺用这个名字为战术越野车命名，以显示其强劲的性能和彪悍的军方血统。

“夏尔巴人”越野车的军方正式名称为“高机动性多用途轮式车辆”。其样车的研发始于 1999 年，作为研发本国车辆以替代悍马车项目的一部分。该车研制成功后以“Al-Dhabi”名称在 2003 年的阿布扎比防务展上展出，接着又以指定名称“夏尔巴人”在 2005 年的阿布扎比防务展上展出。

因为配置类似，“夏尔巴人”车从外表看与 AM 通用公司的悍马车相似，所以也有人称其为“法国悍马”。不过，“夏尔巴人”的最新型号在性能上超越了同时代其他产品，他们更愿意称其为“法兰西硬汉”。作为一款军用越野车，“夏尔巴人”称得上是战场上的“变形金刚”，既可搭载 10 名士兵充当“战场出租车”，又可加装武器，作为伞兵、特种部队的突击战车使用。

当“夏尔巴人”在轮式军用车辆领域打响之后，雷诺公司又先后推出了多款代号“夏尔巴人”的车辆，如“夏尔巴人”2、“夏尔巴人”3 和“夏尔巴人”3A、“夏尔巴人”5 等。

“夏尔巴人”2 的轴距为 3.58 m，空载重量为 3500 kg，整车全重为 7500 kg。“夏尔巴人”3 采用了底盘 – 驾驶室总成设计，其轴距为 3.83 m，空载重量为 4500 kg，整车全重为 9000 kg。“夏尔巴人”2 和“夏尔巴人”3 的推进系统的不同在于发动机的输出功率和传动轴额定载荷不同。为提供弹道防护，“夏尔巴人”2 和“夏尔巴人”3 的车体外壳具有标准化 2 级防护级别，并可交换复合车体面板（门和车顶等）和挡风玻璃的弹道防护材料。“夏尔巴人”3A 具有与“夏尔巴人”3 相同的底盘，全车防护达到标准化 2 级防护级别，还可通过披挂装甲组件，提高防护水平。

法军还专门为驻非洲维和部队定制了适应非洲恶劣条件的特别版“夏尔巴人”，每辆售价达到了 30 万欧元。有一种说法是，“如果你在非洲大陆搞到一辆防弹的‘夏尔巴人’，就什么地方都能去得了”。

“夏尔巴人”

“夏尔巴人”1

“夏尔巴人”2

“夏尔巴人”3

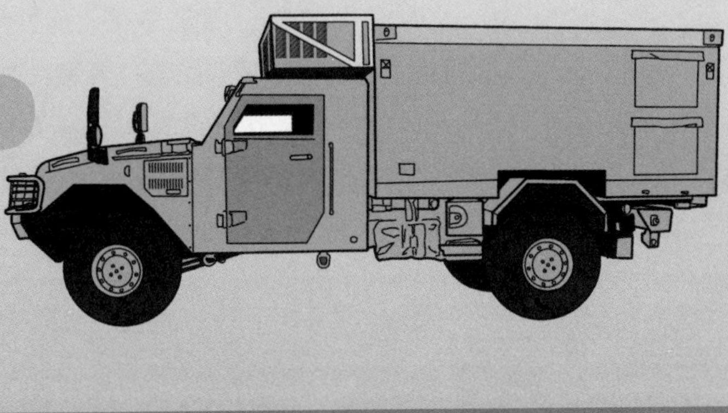

在基本款“夏尔巴人”上，雷诺生产了多种不同用途的车型，并已经发展出了一个庞大的军用战术车、越野车、卡车车族。

MRAP 防地雷反伏击车

在伊拉克和阿富汗战场上，反美武装人员创造性地使用了简单爆炸装置（Improvised Explosive Device，缩写：IED）。IED 是简单、操作方便的爆炸物，如可遥控引爆的自制地雷、汽车炸弹、路边炸弹甚至是人体炸弹等。由于制作起来比较容易，因此在局势混乱的伊拉克战场，到处都可能隐藏有这种简易爆破装置。IED 的体积不是很大，但因现代炸药烈性的提高，其威力通常巨大无比，是普通装甲车辆的克星之一。对此，驻伊美军有着更加深刻的体会，他们把 IED 称为伊拉克战场的“第一杀手”。据前线反馈的统计信息，驻伊美军近一半的伤亡率都发生在被炸翻的军车上。在 IED 面前，“悍马”的天生弱点使得它的抗爆能力变得力不从心。它的平行车底即使安装再多装甲也会被掀翻或者变形。

MRAP 是针对这一情况专门设计的车辆，按防护能力大小分为两个级别。MRAP 的主要特点是在车底全部采用了“V”字形导流结构。这种结构的好处是，当遭遇 IED 袭击时，爆炸产生的冲击波和碎片能通过车底的“V”字形导流板向车身两侧分流，使车辆的受损程度降至最低，从而起到保护车辆的作用。根据实验测算，MRAP 能够有效抵御 2 m 外引爆的 23 kg TNT 炸药的侧向爆炸，能够抵御 4 轮中任一车轮下引爆的大约 14 kg TNT 炸药的爆炸，而车体底部能抵御引爆的 7 kg TNT 炸药的爆炸。MRAP 的标配硬壳式装甲车体，还能够抵御 7.62 mm 步枪弹的射击，如果通过附加装甲，可进一步抵御 12.7 mm 穿甲弹的射击。

与悍马相比，MRAP 的装甲保护能力要强 5 倍，能将路边炸弹造成的伤亡减少约 2/3。特别是在车底的防护上，MRAP 基本能躲过各种常规 IED 的袭击。而从战场实际使用情况来看，现已投入到伊拉克战场的 1000 多辆 MRAP 中，就有 300 多辆已经抵御了三次以上的炸弹攻击，挽救了许多美军士兵的生命。因此有人把这种 MRAP 称为战场上的救命车。

针对 IED 专门研制

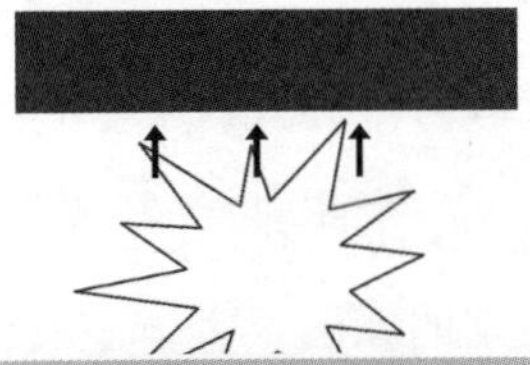

平行车底爆炸后冲击力完全作用于车底，导致车底变形或被掀翻。

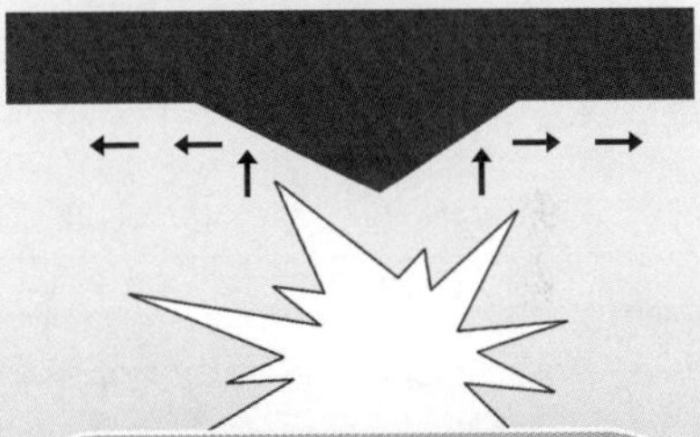

“V”字形车底则能将爆炸冲击波导向两侧，车底只承受部分冲击。

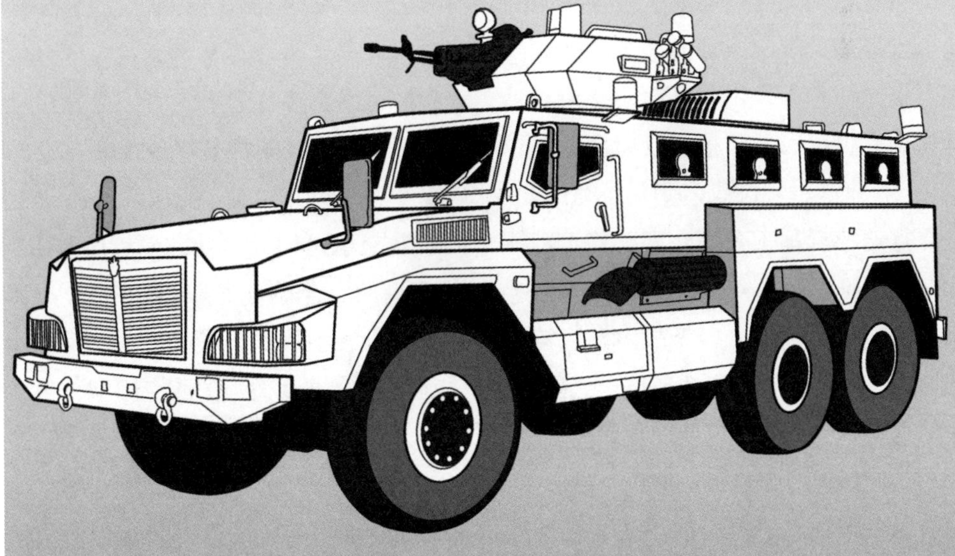

联合轻型战术车

“联合轻型战术车”的英文全称为“Joint Light Tactical Vehicle”。这是美军正在进行中的一个国防计划，目的是研制出一款新型车代替使用多年的悍马车。

悍马失宠的原因，大体上有两条。一是悍马车太费油，军用悍马车也好，民用悍马车也好，都是出了名的“油老虎”，经济性太差；第二是悍马车的防护性已经不能满足未来战场上的作战需求。单从 2003 年以来伊拉克战场形势来看，防护薄弱的悍马车成为伊拉克武装分子攻击的重点，单单依靠自制的 IED 和地雷，就能把悍马车炸个稀巴烂，使美军受到严重的损失。即使是强化型的 M1114 悍马车，尽管情况要稍好些，但同样不能完全抵御 IED 的攻击。

为此，美国军方决定，下一代轻型装甲车辆为联合轻型战术车。需要指出的是，为了降低研制和采购成本，这个项目是美国陆军和海军陆战队共同承担的项目，这也是它称之为“联合”轻型战术车的缘由。

最初参与竞标的公司有三家，一家是 BAE 公司，一家是洛克希德 – 马丁公司，一家是通用战术车辆公司（后改由航星公司设计）。

BAE 公司产品是 Valanx 联合轻型战术车。该车采用模块化设计，自重 7.26 t，采用防地雷反伏击车的防爆设计原理以及大量现成的总成部件，并为未来的柴 – 电混合动力装置、新型装甲和电子防护技术的应用留下了发展的余地。其 V 形底装甲板结构，可以最大限度地降低地雷爆炸波的破坏作用。车体两侧的 V 形结构，同样能大幅度提高防护力。由于是模块化设计，车载武器可以有多种选择，可以是轻机枪或是机炮，也可以选用榴弹发射器。整车可以很方便地加挂附加装甲或加装主动防护系统。

洛克希德 – 马丁公司在联合轻型战术车的研制上也是铆足了劲，先后研制出 4 种样车，分别是：A 类通用机动车型；B 类输送车型的联合轻型战术车样车；C 类通用后勤型轻型车的联合轻型战术车；第二辆 B 类联合轻型战术车。A 类为战场感知型的通用车辆，发展为指挥通信车、网络战车和侦察车等；B 类为部队应用型，包括装甲输送车、步兵战车、导弹发射车等，是部队作战的主力；C 类为后勤型联合轻型战术车，包括弹药和物资运输车、抢救维修车和救护车等。

航星公司的“萨拉托加”联合轻型战术车是最后推出的，被称为联合轻型战术车项目的“一匹黑马”。“萨拉托加”联合轻型战术车和 M998 悍马车外形相似，但

Valanx 联合轻型战术车

BAE 公司的 Valanx 联合轻型战术车，其最大的优点是底盘高度可调节（178 ~ 610 mm），但其速度较慢，公路最高时速为 70 km/h。虽然美军没有选中，但被澳大利亚军方看中并购买。

洛克希德 – 马丁公司的联合轻型战术车

全重：7030 kg
主要武器：7.62 mm 或 12.7 mm 机枪
次要武器：4 枚 M7 烟雾弹发射器
公路速度：105 km/h

洛克希德 – 马丁公司的联合轻型战术车优势在于变种车较多，能够配备不同的组件来改变用途。

联合轻型战术车

外廓尺寸比悍马车大了一圈，车长为 5.71 m，车宽为 2.43 m，车高为 2.10 m，自重约 6.7 t，负载能力约 3.27 t，战斗全重接近 10 t，乘员组人数最多为 5 人，4 名乘员加上一名机枪或机关炮射手。主要武器是一挺 7.62 mm 或 12.7 mm 机枪，设置在车体顶部前方的机枪塔上。也可能采用榴弹发射器，或采用遥控小型武器站。在防护性能上，“萨拉托加”联合轻型战术车采用了综合防护设计方案，最高防护能力可达到北约标准的 4 级水平，即能抵御 10 kg 级爆炸物在附近爆炸。

虽然这些车辆都已经足够优秀，但是在竞标中途由于著名的装甲车辆生产商奥什卡什公司也参与竞标，推出了自己的 L-ATV 联合轻型战术车，并最终于 2015 年赢得竞标。L-ATV 联合轻型战术车是奥什卡什针对美军的设计要求和不断变化的战场威胁研发的新式战术车辆，L-ATV 能够为部队提供极端条件与环境下的导航和高速安全通过能力。L-ATV 从设计之初就考虑各种新威胁和挑战，利用最新的装甲防御技术和后勤保障技术，使该车具备了坚固耐用，易于保养以及较低的油耗等特点，其防御水平也较其他车辆更为优秀。

造价昂贵的联合轻型战术车

根据资料显示，奥什卡什防务公司已经同美国军方签署了价值 67.5 亿美元的合同，将为军方建造 1.7 万辆联合轻型战术车。换算下来，每辆车的价格相当于 263 万元人民币。

“萨拉托加”联合轻型战术车

航星公司推出的“萨拉托加”联合轻型战术车，可安装 7.62 mm 或 12.7 mm 机枪和 40 mm 自动榴弹发射系统，能抵御枪弹、炮弹破片、IED。

奥什卡什 L-ATV 的设计特点

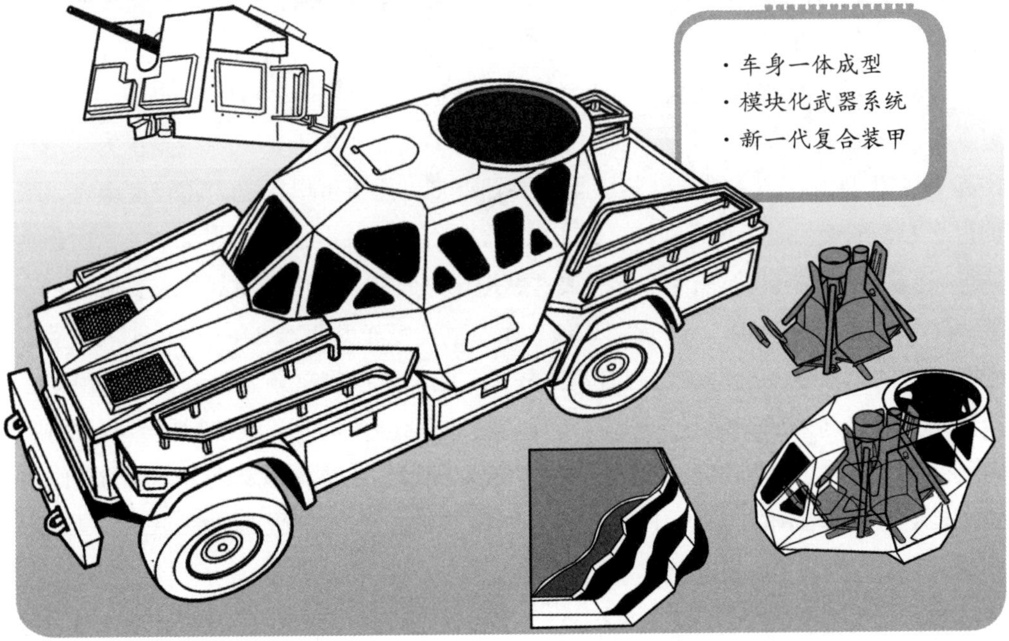

“蝎”式侦察车

1951年，第二次世界大战时期的英国铁腕人物丘吉尔再度出任首相。重新上台之后，丘吉尔首相在百废待兴的情况下，十分重视英军武器装备的现代化。在陆军武器研制和生产方面，1955年研制成功“征服者”重型坦克；1958年提出了战后二代坦克的战技指标，即后来的“酋长”主战坦克；20世纪50年代末期，英国陆军着手发展一种以侦察和火力支援任务为主的轻型履带式装甲侦察车，以取代当时装备英军的“撒拉丁”“撒拉逊”“白鼬”等轮式装甲侦察车。1964—1965年，英军制订了轻型履带式装甲侦察车的设计方案，明确要求战斗全重不超过8.2 t。这样，一架C-130运输机一次能运载两辆侦察车。

1967年，英国阿尔维斯公司接受了试制17辆样车的合同。该公司于1969年制成了第一辆“蝎”式侦察车；1970年定型并开始正式生产。1972年1月，首批“蝎”式装甲侦察车装备英国陆军。英军的订购数量为2000辆，比利时陆军的订购数量为701辆。

为了提高反坦克作战的能力，适应国际军火市场的需要，1981年阿尔维斯公司又研制出改进型的“蝎”90式装甲侦察车。为了区别，早期研制的装有76 mm火炮的“蝎”式装甲侦察车被称为“蝎”76式装甲侦察车。与此同时，又有众多的变型车问世，使小小的“蝎”式装甲车构成了一个庞大的家族。

“蝎”式装甲侦察车最大的特点是体积小，重量轻，显得小巧玲珑。从外形上看，它具有轻型坦克的典型特征，不难识别。“蝎”式装甲侦察车的战斗全重仅为8.1 t，比起M41轻型坦克和AMX-13轻型坦克要轻得多，简直可以称之为超轻型坦克。乘员为三人（车长、炮长和驾驶员），车长5.29 m，车宽2.14 m，车高2.10 m，比起主战坦克要“苗条得多”，就是车高稍高些，但比一般西方各国的主战坦克要低得多。

从1972年到1989年，“蝎”式侦察车及其变型车共生产3467辆，这一数量是相当可观的。除装备英军和比利时军队外，“蝎”式侦察车还装备利比亚、伊朗、沙特阿拉伯、马来西亚、尼日利亚、新西兰、文莱、爱尔兰、洪都拉斯、科威特、阿曼、坦桑尼亚、泰国和菲律宾等10多个国家的军队。装备国家之多，堪与美国的M41轻型坦克和法国的AMX-13轻型坦克相媲美。在上述多数国家的军队中，“蝎”式侦察车至今仍在服役。

坦克与侦察用途一体化

乘员：3 人
重量：8.074 t
长度：5.29 m
宽度：2.14 m
高度：2.10 m
主要武器：76 mm 或 90 mm 火炮
速度：72.5 km/h

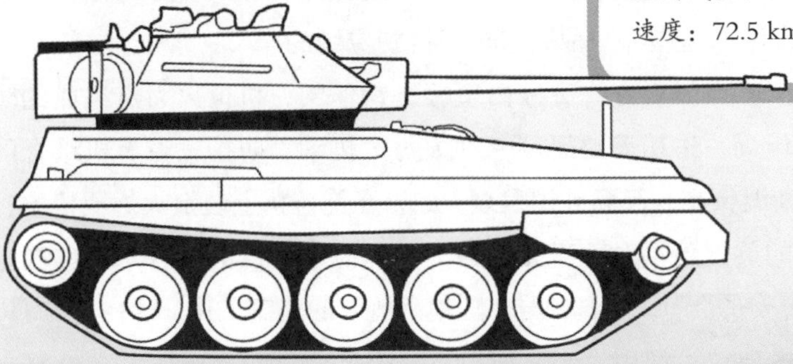

“蝎”式侦察车更像是一种轻型坦克，具备了坦克的火力和一般侦察车辆的机动性。

专题：坦克也能算战术车吗

1

由于战术车本身是一种对应各种战术的工具，这也就意味着在不同战术思想指导下，战术车所呈现出来的特点是有很大区别的。现代战术车往往强调的是现代陆战中的某些特点：机动、火力、抗地雷、抗火箭弹、耐水等。从这一点来理解的话，在坦克问世初期，它也应该算是作为一种战术车而得到应用的。

2

第一次世界大战期间，交战双方为突破由堑壕、铁丝网、机枪火力点组成的防御阵地，打破阵地战的僵局，迫切需要研制一种火力、机动、防护三者有机结合的新式武器。英国人 E.D. 斯温顿在一起意外中发现，如果在拖拉机上装上火炮或机枪，它不就无敌了吗？当时的英国陆军对此毫无兴趣，时任海军大臣的丘吉尔却如获至宝，下令组建“陆地战舰委员会”，亲自领导“陆地战舰”的研制工作。1915 年 2 月，英国政府采纳了斯温顿的建议，利用汽车、拖拉机、枪炮制造和冶金技术，于 1915 年 9 月制成样车并进行了首次试验，获得成功，样车被称为“小游民”，全重 18.289 t，装甲厚度为 6 mm，配有一挺 7.7 mm 马克沁重机枪和几挺 7.7 mm“刘易斯”重机枪，发动机功率 77.175 kW，最大时速 3.2 km/h，越壕 1.2 m，能通过 0.3 m 高的障碍物。之后英国又生产了马克 Ⅰ 型坦克，这也是第一种被量产和投入实战的坦克。

3

4

坦克问世之后，成为地面部队主要的突击装备，凭借坚固的装甲、猛烈的火力、超强的越野性能，坦克令陆战战术发生了很大变化。交战双方从固有的阵地对峙、士兵突击发展到坦克突防、装甲部队会战等新的形式。尤其是在第二次世界大战中，坦克的大规模使用奠定了现代陆战的基础。

5

6

7

8

第六章

特种车辆

能够水陆两用的两栖车辆

1

两栖车辆，一般特指水陆两用车，顾名思义就是一种同时具备车与船的特性，既可在陆地行驶，又可泛水浮渡的特种车辆。一般在水中采用车轮或履带直接划水，或用专门的水上推进器（螺旋桨或喷水推进器）驱动，在陆上行驶装置则为车轮或履带。

2

两栖车辆的发展可追溯上百年的历史，有资料记载，第一辆水陆两栖车由美国人奥利弗·埃文斯于 1805 年发明。为了能在水中行驶，奥利弗在车上装了轴和桨轮，用发动机飞轮轴的皮带和皮带轮来驱动桨轮。为了更准确地描述，奥利弗的发明应该称为是“一辆使用蒸汽动力的装有轮子的船”。真正意义上水陆两栖车应当是第

3

一次世界大战期间奥地利军队制造的水陆两栖车，但由于种种原因，该车并没有大量生产。

第二次世界大战期间，德军装备的大众 166 型水陆两用车，陆地行驶最高速度接近 90 km/h，水中速度 10 km/h 左右，受到德军官兵的广泛欢迎。到 1944 年末，沃

4

尔夫斯堡工厂和保时捷位于斯图加特的工厂总计生产了 14238 辆。

第二次世界大战中，除了德军之外，美军也装备了大量的两栖车辆，美军很早就认识到了军用水陆两栖车的重要性：早在 1941 年 3 月开始生产军用吉普车时，他们就根据国防研究开发委员会的意见启动了一个名为“QMC–4 1/4 吨两栖车辆”的军

5

用两栖车研发项目。

按照该项目的要求，军用车辆专业生产厂家马尔蒙 – 赫灵顿公司和斯帕克曼 – 斯蒂芬斯船舶制造厂以及福特汽车公司联手，希望以陆上使用的 GPW 吉普车为基础开发出一种水陆两栖型军用运输车。按照军方的进度要求，新型两栖运输车应该

6

赶在 1942 年 9、10 月以前投入使用——因为那是美军在欧洲开辟第二战场的预定时间。生产出来的两栖车名为福特 GPA，虽然和福特 GPW 仅一字之差，但它并没有像 GPW 那么成功。该车在设计之初就存在很多缺点，如车身太重、干舷太低，还有若干技术上的缺陷，实际使用效果不佳。

7

8

两栖车辆

奥利弗·埃文斯发明的两栖车辆，车身造型像一条船，并又有类似的船舱，尾部以螺旋桨推进。

大众 166 由于要浮在水面和在水上航行，因此车身呈船形，在车尾有螺旋桨，在陆上时此螺旋桨是向上收起而当下水时放下，这时螺旋桨会和发动机的传动轴相连，驾驶再用齿轮箱把发动机输出动力全部转移推动此传动轴，螺旋桨会转动，前车轮在水上航行时作为船舵。

美军的在第二次世界大战中的两栖车辆——GPA

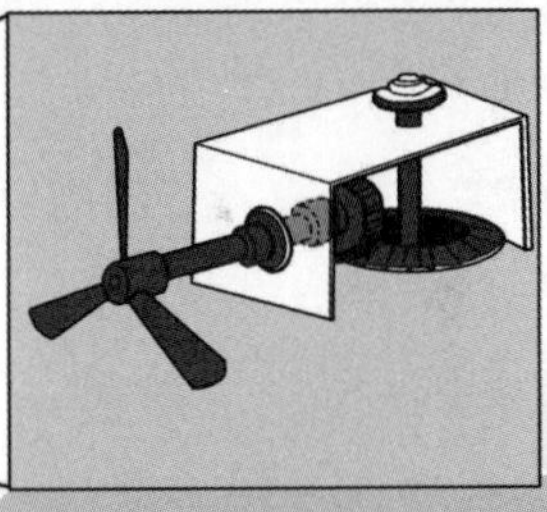

GPA 的螺旋桨部分，位于车身底部，后轮之间，其运作方式与大众 166 基本相似。

陆上行驶时，与普通车辆一样，发动机与车轮通过变速箱连接行驶；水上行驶时，用于水上传动的齿轮通过传动轴取代变速箱，并与尾部螺旋桨连接，从而带动螺旋桨推进车辆。

两栖作战与两栖装甲车

两栖作战有别于传统的地面作战和水面作战，是一种跨两种环境的作战形式。通常意义上的两栖作战特指的是从海面（水面）登陆敌方所在海岸（水岸）作战。两栖战是现代战争中最复杂的军事行动，需要机动力、空中支援、海上运输、后勤和战略，它能够进行对敌人不利的战略布署和迫其转移军力，有效突击与打击敌军。

早期登陆作战比较原始，完全依靠人员从水面向岸滩进攻，这时候无论是火力，还是作战人员素质都很难保持正常水准，往往遭到岸滩上敌军的猛烈攻击。1915 年的加里波利之战，在其行动中由于协约国登陆士兵相关训练不足、地形不佳，加上两栖作战装备简陋，导致奥斯曼帝国反攻，造成 16 万人的惨重伤亡。

到了第二次世界大战，两栖作战的装备与战术已逐渐成型，配合轰炸机、空降兵、装甲部队与强力后勤的使用，得以进行战略性的两栖作战。除了两栖的舰船之外，两栖装甲车这种不用舟桥、渡船等辅助设备便能自行通过江河湖海等水障，并在水上进行航行和射击的装甲战斗车辆逐渐受到了重视。

1933 年，苏联装备了 T-37 两栖坦克，之后又相继装备了 T-38 和 T-40 两栖坦克。太平洋战争期间，美日双方都在太平洋战争中曾使用过此类两栖车辆。苏联战后发展了一种 PT-76 坦克，美国则发展了一种可以空运，轻型水陆两用坦克的 M551 “谢里登” 轻型水陆两用坦克，同时，还研制了 LVTP 系列两栖战车。

两栖装甲车在外形上与通常的陆上作战车辆有所不同，车身往往和船身比较相似。这是为了确保当车辆驶入水面时能够排开足够的水量，获取浮力保证车辆不至于下沉。入水之后，两栖装甲车会像潜艇那样靠密闭车体来获得一定的浮力，但由于车体较小，远不如潜艇那样庞大，所以重量不能过大，否则很难保证浮力。因此，一般两栖装甲车的装甲都较薄。

现代两栖作战的主要形式

大量两栖装甲车通过登陆舰运送到海岸附近，直接履水登陆，在登陆的同时能够以自身火力对岸上敌军进行攻击。

“山猫”两栖侦察车

1 2 3 4 5 6 7 8

“山猫”侦察车是德国在第二次世界大战后研发的轮式水陆两用装甲车辆，专门用于深入敌后执行侦察任务，以取代当时德军使用的美制 M41 轻型坦克。“山猫”主要装备德军的装甲侦察营和侦察连等部队，当德军应联合国的要求执行维和任务时也执行警戒任务。

“山猫”是 8×8 轮型装甲车，发动机的动力以传动轴传送到八个车轮，前后四个车轮可以分别转弯，也可以八个车轮一起转弯。车身采用船形的焊接结构，以便在作战中渡河或者抢滩。在车后有水上推进用的螺旋桨，当要在水上行驶时，发动机的动力可通过齿轮箱由车轮改为传送至螺旋桨。

“山猫”的正面装甲可抵挡 20 mm 口径炮弹，侧方可抵挡 12.7 mm 口径机枪子弹的攻击。车身前后各有一个驾驶舱，共两名驾驶员。在其车身中央是一个双人炮塔，内里有车长和炮手，两人皆可操作一挺 20 mm 口径 Rh202 机炮，该炮有 375 发炮弹，分别是穿甲弹 75 发和榴弹 300 发。在“山猫”A1 型上，该炮只有简单光学瞄准器，“山猫”A2 增加激光测距仪和火控电脑帮助瞄准并可以在行进间准确命中目标。

“山猫”的机动性良好，转弯半径小，航程远，而且由于要深入敌后进行侦察，故其发动机有一个大型消声器以保证它可以安静行驶而不会惊动敌人，产生的废气也会在排出前进行冷却处理，以减少红外线信号。

“山猫”看似大型，但由于内部空间被各种设备占有（例如在炮塔后方和后方驾驶舱之间的发动机），因此车内空间狭窄，尤其是后方驾驶舱。因此当山猫 A2 要加装 GPS 时发现车内无多余空间可以安置，只好放在车顶。另外，其油箱被安置在炮塔下方而且并不防弹，一旦被命中也许会波及弹药库而造成人员伤亡。

从 1975 年开始，“山猫”已装备德国国防军的 11 个装甲机械化师、36 个机械化旅和 6 个国土防卫司令部的侦察部队，按照德军编制，每个装甲侦察排有 9 辆“山猫”，德国维和部队也曾在波斯尼亚把“山猫”当成警车用于警戒和巡逻，而在使用中发现“山猫”也适合执行奇袭和追击任务。

采用螺旋桨推动的“山猫”

乘员：4 人
重量：19.5 t
长度：7.74 m
宽度：2.98 m
高度：2.84 m
主要武器：1 门 20 mm Rh202 机炮
速度：90 km/h（陆上），10 km/h（水上）

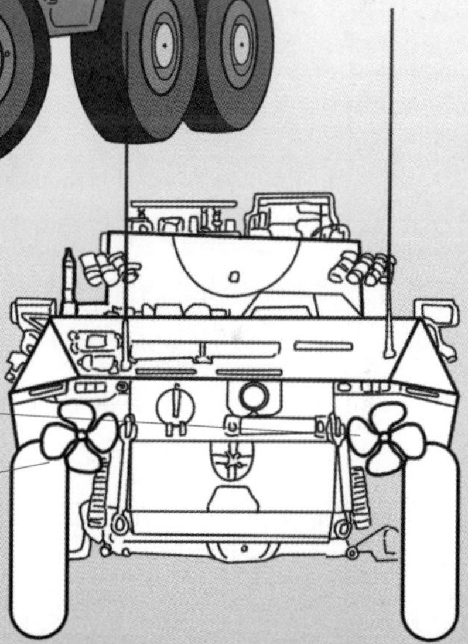

位于车尾的螺旋桨，当需要渡过河流时，动力从车轮切换到螺旋桨推动前进。

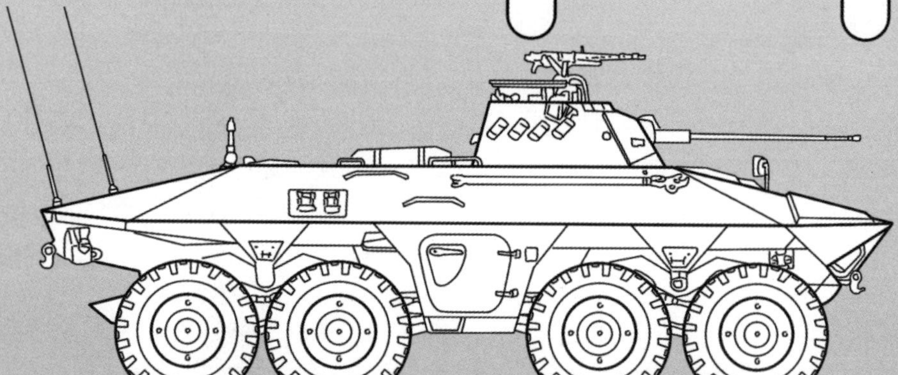

LVTP-5 装甲车

为了取代第二次世界大战时期生产的两栖登陆车，美军在战后开发新一代的两栖登陆载具，与前代相比的最大改良点是车体采用全密闭设计，提供了运输单位基本的防御。美国博格华纳公司联合其他一些公司按照美军的要求设计并制造了新的两栖车辆——LVTP-5。LVTP 是 Landing Vehicle Track Personnel 的缩写，意为登陆作战人员运输履带车辆。

LVTP-5 是基于第二次世界大战时期登陆车履带系列 LVT- 1 至 LVT- 4 发展演变而来，车体相对较大，可携带 30~34 人全副武装的战斗部队。在它的基础上，还发展出了一种更为轻型的 LVTH-6 装甲车，但只制造了少量。

LVTP-5 车体是船形全焊接结构，甲板内侧由骨架支撑，采用了防水密封壳体。为提高水上机动性，车体前甲板和底甲板制成倒 V 形。车前的液压驱动跳板铰接在车体上，由内外两层钢板组成，中间用等间隔的板条隔开，车体开口四周粘有实心橡胶密封圈，以保证跳板关闭时的密封性。

驾驶员位于车前左侧，车长位于车前右侧，都配有 4 个 M17 潜望镜、一个 M17C 潜望镜和单扇舱盖。机枪炮塔位于车长和驾驶员中间偏前位置，射手则深处车身中部。载员舱顶部开有矩形货舱口，长 2.4 m、宽 2.1 m，上有两扇双折舱盖，利用弹簧助力开启。LVTP-5 庞大的外形令它拥有了很强的载荷能力，车上可载士兵 34 人，浮渡时载重 5443 kg，陆上载重为 8165 kg。

美军采用了 LVTP-5 之后，主要将其交付美国海军陆战队使用。美国海军陆战队使用 LVTP-5 的时间从 20 世纪 50 年代到 20 世纪 70 年代，以美军主要两栖装甲车的身份参与越南战争，从 1965 年登陆岘港起长期在南越地面作战中登场。但与北越军队与游击队交战时，其脆弱的车体对 RPG-7 火箭推进榴弹的防护力不佳，遭到严重损失。而且，LVTP-5 油箱设计在乘员舱下方，缺乏抗地雷设计，一旦中雷，油箱内的汽油很容易遭诱爆。同时，车上固定武装只有一挺机枪，火力相对不足。但美军会利用 LVTP-5 的大容量货舱另外做就地改装应急，比如堆放沙包增强防御力，然后装备无后坐力炮或是迫击炮提供更有效的火力掩护。

美军使用最广泛的两栖登陆载具

LVTP-5 是美军采用的数量最多的两栖登陆车辆，最初仅装备给海军陆战队，后来其海军、陆军都购买了一定数量用于登陆作战。

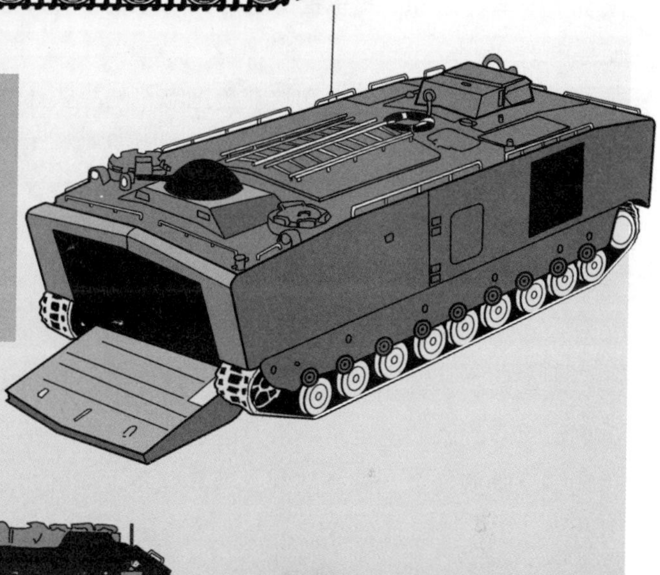

LVTH－6 是从 LVTP－5 发展而来的火力支援车，装设一门 105 mm 榴弹炮，一挺 0.30 in（7.62 mm）口径同轴机枪及一挺 12.7 mm 机枪，重量也增加到 39 t。平时编制车长、驾驶、副驾驶、炮长及装填手 5 人，能以火力支援第一线陆战队步兵作战，其炮塔可作 360° 旋转，而且可在水上浮渡时射击。

AAV-7 两栖突击载具

AAV-7 两栖突击载具原名 LVTP-7，是一种履带式两栖装甲车。LVTP-7 自 1964 年开始由 FMC 公司研制，1969 年制造出测试用车。经过测试后于 1970 年 6 月正式采用，1971 年底开始换装，1972 年开始进入美国海军陆战队服役，逐步汰换当时仍使用中的 LVTP-5 登陆车。LVTP-7 陆地最高时速 72 km/h，水上极速 13 km/h，武器系统仅配备了一座装有 M85 重机枪的炮塔，同时缺乏核生化防护设备，因此生产到 1974 年便停产。

1977 年 3 月，FMC 公司接获美国海军陆战队计划为 14 辆 LVTP-7 提供现代化升级测试; 1982 年，FMC 公司与美国海军陆战队签订 LVTP-7 服役寿命延长计划的合约，主要项目包括更换改良型的发动机、传动系统与武器系统，以及提升车辆的整体可靠性。在翻新后，美军将 LVTP-7 更名为 AAV-7。除了现有车辆的翻修之外，美军还要求 FMC 公司重开生产线，生产了 329 辆 AAV-7。

在此之后，海军陆战队又对 AAV-7 两栖突击载具有经过了多次改进和翻新，以确保其能够具备更佳的性能，并可以搭载更新型的武器和装备。目前，AAV-7 仍是美国海军陆战队的主要两栖兵力运输工具，在“舰—岸”登陆作战中，AAV-7 扮演由两栖登陆舰艇上运输登陆部队及其装备上岸的角色；登陆上岸后，登陆部队则将其当作一辆装甲运兵车使用，为其提供战场火力支援。

AAV-7 在伊拉克战争中被广泛运用，然而相较于陆军使用的 M2 装甲车和史崔克装甲车，AAV-7 薄弱的防护力总是成为乘组员和搭载士兵抱怨的对象。多辆 AAV-7 在战斗中被地雷、火箭推进榴弹、迫击炮及战车的攻击破坏或摧毁。2005 年 8 月 3 日，14 名陆战队员连同所乘坐的 AAV-7 两栖突击载具被三枚堆叠在一起的反坦克地雷摧毁。后来，美军不得不加装附加装甲套件以增强防护能力，抵挡火箭弹之类的攻击。

AAV-7

乘员：3 人
重量：22.8 t
长度：7.94 m
宽度：3.27 m
高度：3.26 m
主要武器：Mk 19 型 40 mm 自动榴弹发射器
速度：72.4 km/h（陆上），13.5 km/h（水上）

除了基本型号之外，还发展出了 AAVRC-7C1 指挥车。

AAVRC-7C1

AAVRC-7C1，无炮塔，内部运兵空间改为通信设备。

EFV 远征战斗载具

EFV 远征战斗载具（Expeditionary Fighting Vehicle）原名先进两栖突击载具（Advanced Amphibious Assault Vehicle，AAAV），是美国海军陆战队交由美国通用动力公司为其研制的一种两栖作战车辆，目的是取代此前已经使用多年的 AAV-7 两栖突击载具。

EFV 远征战斗载具基本上是一辆两栖装甲人员运输车。美国海军陆战队要求它能够将一个完整编制的海军陆战队步兵班从地平线外的两栖突击舰直接运送上岸，并拥有至少相等于或超过 M1 艾布拉姆斯主战坦克的敏捷性、生存性和机动力。

为弥补上一代 AAV-7 两栖突击载具性能的不足，并强化其除作为两栖载具之外的一线作战功能，美国海军陆战队将 EFV 远征战斗载具列为最高优先的地面武器研制计划。

EFV 远征战斗载具的驾驶席位于车体左前方，前上方则是一座 Mk 46 型炮塔。炮塔右侧为车长席、炮塔左侧为射手席，步兵指挥官的座位则位于车体右前方，17 名陆战队步兵则乘坐于车体尾段以及中段的两侧独立折叠座椅。车尾有一大型跳板可供乘员进出，跳板上还设有一个可供乘员进出的舱门。另外，乘员舱顶部还有两片滑动式舱盖可供紧急状况下进出。

在海上高速机动时，车体四周的可伸缩边板将会张开，以避免高速航行时车体或履带与海面接触产生巨大阻力，从外型来看很像一个冲浪板，其作用原理也类似于冲浪。配合大推力的转向喷水推进器，远征战斗载具将可以高速（46 km/h）在海上机动，缩短在敌方火力下的航渡时间。

远征战斗载具的车体是以铝合金焊接而成，设计目标是可抵挡来自 300 m 外 14.5 mm 重机枪穿甲弹的射击或 15 m 外爆炸的 155 mm 榴弹破片。

面对未来登陆作战可能面对的高威胁环境，V-22“鹗”式倾斜旋翼机、LCAC-1 气垫登陆艇与 EFV 远征战斗载具将成为 21 世纪美国海军陆战队执行从海上作战机动三栖登陆作战时的三大利器。

EFV 远征战斗载具的主要结构

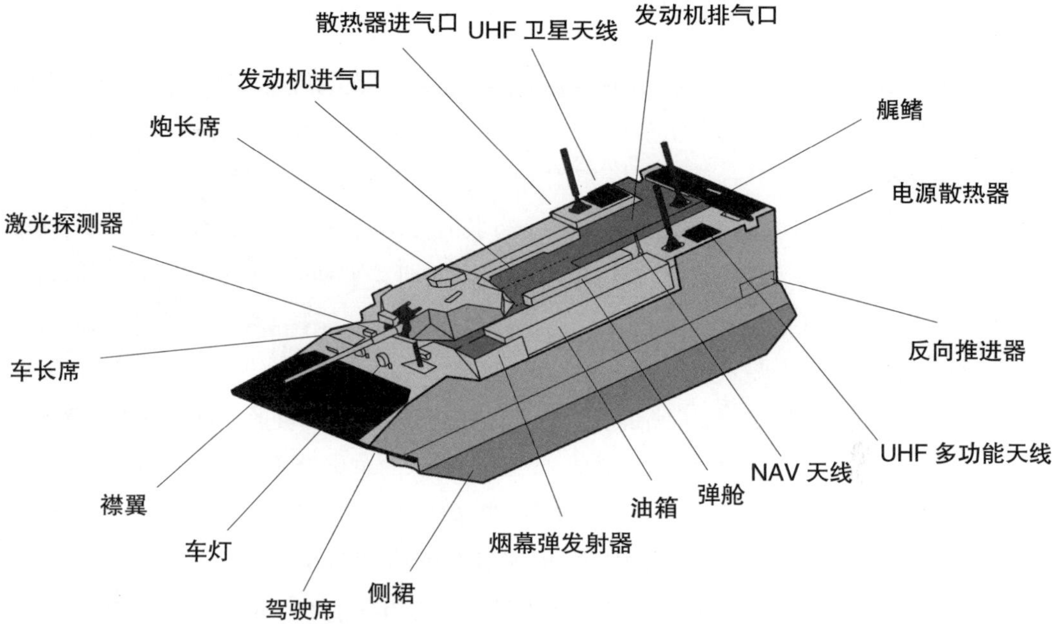

EFV

PT-76 两栖坦克

PT-76 是世界上产量最多的两栖坦克，第二次世界大战后由苏联研制，主要用于海军陆战队作为滩头攻坚和侦察等任务。时至今日，仍有少数国家装备该型两栖坦克。

PT-76 和同期的其他两栖车辆相比在推进方面要先进，它采用了由发动机带动的喷水器由车尾的喷水孔喷出，当在水上行驶时由驾驶员把发动机输出动力全转移在喷水器，此时其履带是不会有动力的。相比于同期其他两栖车辆靠履带划水前进，PT-76 的水上速度比较快。入水前，先竖起车前防浪板，开启两个电动排水泵。水上转向通过关闭两个喷水推进器中的一个来实现。

PT-76 坦克的车体由钢板焊接而成，车内分三个部分，驾驶舱在前、战斗舱居中、动力舱在后。驾驶员位于中央，并有一个向右打开的单扇舱盖。他使用三个潜望镜进行观察，当车前防浪板竖起时，中间一个潜望镜也能升起，使驾驶员能看到前方；夜间驾驶时，中间的那个换成 TBH-28 红外潜望镜，视距 60 m。

与现代的坦克和战车相比，已经诞生了半个多世纪的 PT-76 缺点是：没有三防装置，缺少夜间战斗设备，装甲较薄甚至能被机枪弹击穿，车体尺寸较大，不宜空降等。

考虑到这些缺陷，俄罗斯在进入 21 世纪后对 PT-76 坦克进行了全面改装，不仅大大延长了 PT-76 型水陆坦克的使用寿命，并且将其战斗效能提高了数倍之多。

根据升级方案，PT-76 型坦克原先装备 D-56T 型 76.2 mm 主炮的制式炮塔将被名为 AU-220M 的新型双人武器系统取代。该系统配备了 57 mm 自动炮，这种火炮配有双向稳定器和自动装填机，并通过 LIGA-S 型瞄准镜进行瞄准。另外还装备了 7.62 mm 并列机枪。57 mm 自动炮装有自动控制的稳定器和制退器，虽然口径减小了，但是由于精度提高，威力不仅一点没减，反而大有提高。在 1000 m 的距离上，该火炮发射的穿甲弹可以击穿 100 mm 厚的均质钢装甲，也就是说它可以击穿当今世界上任何一种主战坦克的侧装甲。该火炮的制式弹药是曳光破甲弹和曳光穿甲弹，也可以发射特殊的云爆弹，以大面积杀伤步兵。

PT-76

乘员：3人　　重量：14.6 t
长度：6.91 m（不计主炮）　　装甲厚度：20 mm
宽度：3.15 m　　最快速度：44 km/h（陆上）；10.2 km/h（水上）
高度：2.33 m　　续航距离：400 km

PT-76 坦克的喷水行进方式（水上）

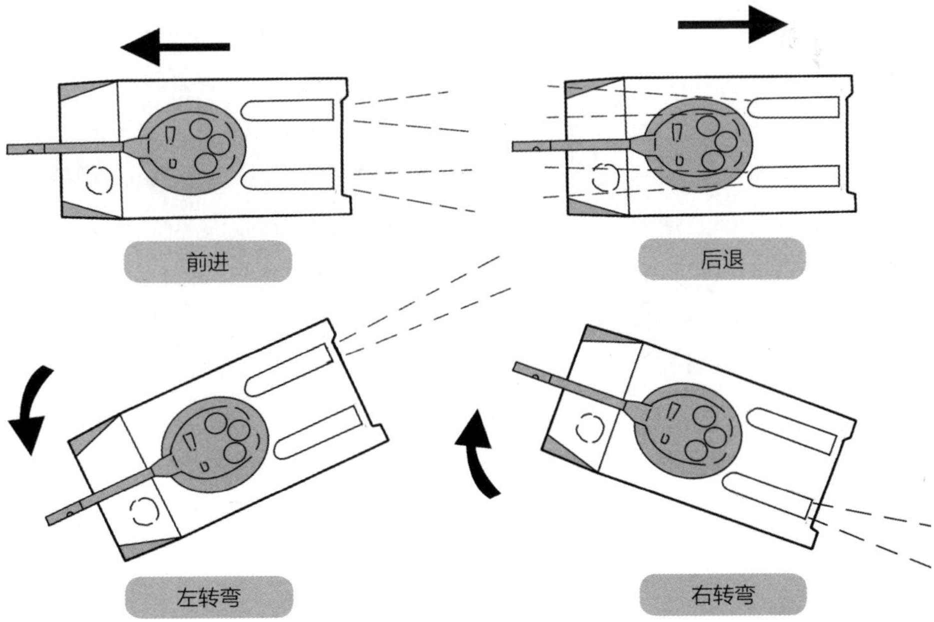

特二式内火艇

特二式内火艇是日本在第二次世界大战期间唯一投入量产的两栖战车。它曾经参加了硫磺岛战役、塞班岛战役以及菲律宾战役。

1928年，日本开始由日本陆军牵头研制水陆两用战车。在1933年，三菱重工完成了两辆原型车。其中一辆安装螺旋桨作为水上动力，另一辆则使用喷水式的水上推进装置。不过，它们都仅仅停留在原型车阶段。第二次世界大战爆发后，因为日本海军认为水陆两用战车可以进行奇袭，所以海军接收其研制工作，最终在1942年研制出了特二式内火艇。

特二式内火艇采用三段式的结构，也就是前浮箱、车体、后浮箱三部分。在陆上行驶时要将前浮箱和后浮箱拆除。另外，特二式内火艇于炮塔上安装了瞭望塔，车体上还安装有换气筒。不过，这些装备在特二式内火艇在陆上行驶时都需要拆下来，因此操作比较繁琐。

特二式内火艇的主要武器是一门37 mm战车炮。这种火炮比起以前的版本加长了身管，并扩大了药室。在1000 m距离外可以击穿25 mm装甲，备弹量为132发。辅助武器为一挺同轴安放的九七式7.7 mm机枪以及一挺安装在车体上的九七式机枪，机枪一共备弹4080发。

防护方面，其炮塔的装甲厚度顶部为6 mm，四周均为12 mm。车体正面装甲为12 mm，侧后部为10 mm，车体顶部装甲为6 mm。装甲防护能力并不高，仅能抵御枪弹的攻击，一旦遭遇火炮攻击，特二式内火艇薄弱的装甲根本不堪一击。

特二式内火艇由一台动力为115匹的三菱A6120VDe风冷直列6缸柴油机驱动，在陆上速度37 km/h，在水上则为8.5 km/h。陆上的最大行程为200 km，在水上的最大行程为140 km，在水上航行时使用螺旋桨驱动。

特二式内火艇入役时，日军已逐渐失去战场优势，所以特二式内火艇只能和日军的轻型坦克一样担任战术性防御的任务。这样做不仅没能发挥出其水陆两用的特色，反而暴露了其火力及装甲不足的问题。另外，因为当初为了提高浮力，所以把车体的体积做得较大，影响了其灵活性。

船＋坦克

总重：12.3 t（含浮筒）
全长：7.42 m（含浮筒）
宽度：2.79 m
全高：2.34 m
操作人数：5~6 人
装甲：6~12 mm
主要武器：一式 37 mm 火炮
次要武器：两挺九七式 7.7 mm 机枪（一挺同轴安装，一挺安装在车体上）
最大行程：200 km
最大速度：37 km/h

特二式内火艇以日本九五式轻战车为基础改进而成，前后两端分别能安装浮筒，用于水上行驶。

第二次世界大战中，日军使用特二式内火艇进行登陆作战

专题：最大规模的两栖作战——诺曼底战役

诺曼底战役是第二次世界大战时期盟军在法国北部诺曼底地区实施的大规模战略性登陆作战，同时也是迄今为止最大规模的一次海上登陆作战，近 300 万盟军士兵横渡英吉利海峡后在法国诺曼底海滩地区登陆。

战斗打响前，以美、英、加为主力的盟军部队将 17 万辆车、60 万吨各类作战物资运至不列颠岛；先后调集陆军 36 个师，其中步兵师 23 个，装甲师 10 个，空降师 3 个；海军投入作战军舰共 5300 艘，其中包括战列舰 13 艘、巡洋舰 47 艘、驱逐舰 134 艘在内的战斗舰艇共 1200 艘，从各国甚至民间紧急抽调登陆艇 4126 艘，此外还有 5000 余艘运输船；空军作战飞机为 13700 架，其中 5800 架轰炸机、4900 架战斗机、运输机和滑翔机 3000 架。

1944 年 6 月 6 日 6 时 30 分，准备就绪的 300 万盟军，或乘军舰或乘战机，驶向英吉利海峡的另一半——诺曼底。战斗很快打响，盟军行动有序，先是战机、军舰一波又一波地轰炸，紧接着，成千上万的登陆艇载着数不清的士兵冲向海滩。德军并没有被盟军庞大的攻势吓退，他们利用海滩、高地、机枪堡垒的依靠，不断阻击。即便盟军有备而来，仍然吃了一大把苦头。但是，由于与盟军实力的相差悬殊还是决定了战役的最终走向。在海军战列舰强大的炮火支持下，盟军在付出了巨大的牺牲后，终于在天黑时成功踏上了这片海滩。

6 月 7 日起，盟军后续部队相继登陆，巩固连接各孤立登陆场，尔后向纵深推进。截至 7 月 18 日，盟军建立起正面 150 km、纵深 13 ~ 35 km 的登陆场，诺曼底战役以盟军胜利告终。

诺曼底战役胜利后，使第二次世界大战的战略态势发生了根本性变化，盟军在欧洲大陆第二战场的开辟，意味着纳粹德国陷入两面作战，减轻了苏军的压力，协同苏军有力地攻克柏林，迫使法西斯德国提前无条件投降。美军从而把主力投入太平洋对日全力作战，加快了第二次世界大战的结束。

第七章
步兵战车

步兵战车有什么用

1

由于步兵战车往往在外形上与坦克非常相似，尤其是一些使用履带、装备了大口径火炮的步兵战车则更是如此，很多人都无法分别其中的区别。要区分二者，首先要了解其功能、用途的差异。

2

首先说坦克，坦克的主要作用是与对方坦克或其他装甲车辆作战，也就是说，它更多的是用于坦克对坦克的战斗。步兵战车则不同，步兵战车是一种能搭载步兵，并能伴随步兵提供火力支援的装甲运输车辆。这就意味着步兵战车在实际作战中是与步兵一起的。

3

此外，步兵战车还具有装甲运兵车的作用，能够运送大约一个班的步兵（人数大约在 5~10 人之间），步兵战车与装甲运兵车不同的地方在于，步兵战车的防护力较好，火力较大，能够让步兵乘车作战，本身也能够伴随下车作战的步兵，提供直接的火力支援。装甲运兵车则更接近于有装甲的运输车辆，仅具备基本的自卫火力。

4

世界上第一种步兵战车是联邦德国于 1958 年开发的 SPz 12-3。联邦德国基于第二次世界大战闪电战理论指导，将装甲掷弹兵与摩托化步兵配合诸如 Sd.Kfz 251 半履带车的一种作战方式。它推翻了以美国为代表的认为一辆装甲车应该作为一个“战场出租车”的概念，而不是作为战斗车辆的理念。这个设计和作战概念领先其他国家许多，也是后来其他国家纷纷仿效的对象。

5

时至今日，步兵战车已经是各国伴随坦克作战的主要步兵作战车种，21 世纪后各国以轮式步兵坦克作为新潮流，轮式车辆适应道路速度和桥梁的载重都高于履带车辆，也更能配合现代资讯化战场的快速机动打击思想，但轮式车辆缺点在于防护力较低，对野外地形越野较差。

6

现代步兵战车一般装备有 20 ~ 40 mm 口径的机炮、7.62 mm 口径的机枪、反坦克导弹及面对空导弹等武器。步兵战车的装甲防御能力一般没有主战坦克高，但由于大多装备有反坦克导弹，如 BGM-71“陶”式导弹、俄罗斯的 9K115 导弹等，均能对主战坦克产生致命的威胁。

7

8

步兵战车和其他作战车辆有何区别

步兵战车		坦克
火力支援	VS	炮火支援
协同步兵作战		坦克集团作战
能搭载步兵		仅搭载乘员

步兵战车		装甲运兵车
用于作战	VS	用于运输
能搭载步兵		能搭载步兵
火力强		火力弱

SPz 12–3 步兵战车

人员：3 名乘员 +5 名载员
全重：14.6 t
全长：5.56 m
全宽：2.54 m
主要武器：20 mm HS−820 机炮
次要武器：7.62 mm MG3 机枪

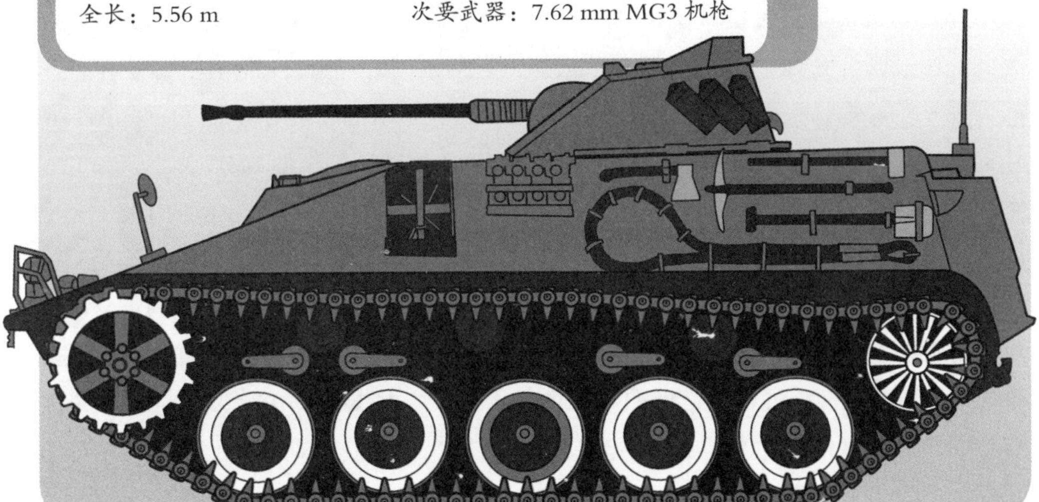

BMP 系列步兵战车

1

第二次世界大战后，经历了卫国战争的洗礼，苏联以装甲力量为核心的大纵深作战理论成为备受推崇的焦点。但是，与庞大的坦克部队相比，缺少能够跟随坦克突击作战的机械化步兵这一缺陷一直困扰着苏军。

2

从 20 世纪 50 年代开始，苏联决定研制一种全新的强化火力的装甲车辆——步兵战车。经过十余年的研制，BMP-1 步兵战车问世，它是苏联第一辆步兵战车。这种能够搭载 10 名乘员的战车很快成为苏军的新宠，成为坦克的最佳“伴侣”。从 1966 年开始，BMP-1 生产了多达 2.4 万辆。BMP-1 的各种理念已经比较成熟，不仅能够搭载步兵，还装备了一门 73 mm 火炮和 AT-3 反坦克导弹发射器。更考虑到可能发生核战争，具备防核生化武器攻击的功能。总的来说，BMP-1 有着良好的战术机动性，能快速运送士兵穿过污染区。由于苏联空军的伊尔 -76 运输机可以一次运送 2 ~ 3 辆 BMP-1，因此 BMP-1 也有良好的战略机动性。

3

4

但是，由于 BMP-1 的火炮射程较小，精度也偏低，苏联在 20 世纪 70 年代对其进行了改进。新型 BMP-2 改用一个较大的双人炮塔去取代 BMP-1 的单人炮塔，车长由 BMP-1 的车身驾驶座位后方改为和炮手一起在炮塔内，武器改为 30 mm 口径 2A42 机炮和 AT-5 反坦克导弹，其余和 BMP-1 大体相同。BMP-2 也可以 7 km/h 的速度在水上行驶（用履带划水推进）。

5

尽管 BMP-2 步兵战车的性能不断得到提高，但是其火力相对较弱，用 30 mm 机关炮和并列机枪来对付建筑物和碉堡或隐蔽的目标，效果非常不理想，据此，1995 年俄罗斯完成了 BMP-2 步兵战车的改进型。它与法国萨吉姆公司合作，改进了该车的火控系统、炮长、夜视仪、炮塔稳定装置，还在炮塔的左后方加装了一具 AG-17 外置式 30 mm 自动榴弹发射器，以增强对敌步兵火力的压制，即 BMP-3。

6

BMP-3 的出现彻底改善了 BMP 步兵战车火力不足的缺陷，它装备的 100 mm 火炮既能发射炮弹，也能发射导弹，而巨大的口径在步兵战车中算得上“空前绝后”。其发射的 AT-10 炮射反坦克导弹的射程达到 4000 m，能够击穿 500 mm 厚的钢装甲，是对付轻型装甲车和武装直升机的利器。此外，BMP-3 步兵战车还装有一门 30 mm 机关炮和三挺 7.62 mm 机枪。由如此豪华的武器系统撑腰的 BMP-3 步兵战车完全能够正面压制同时期的主力坦克，甚至具备了和第三代主战坦克一搏的实力，堪称步兵战车中的“火力之王”。

7

8

BMP 系列步兵战车参数对比

车型	BMP-1	BMP-2	BMP-3
车内人员	3 名乘员 +8 名载员	3 名乘员 +7 名载员	3 名乘员 +7 名载员
车长	6.74 m	6.74 m	7.14 m
车宽	2.94 m	2.94 m	3.2 m
车高	2.07 m	2.07 m	2.4 m
全重	13.2 t	14.3 t	18.7 t
最高速度	65 km/h	65 km/h	72 km/h
主要武器	73 mm 口径 2A28 滑膛炮 +9K11 反坦克导弹	30 mm 口径希普诺夫 2A42 机炮 +AT-4 反坦克导弹	100 mm 口径 2A70 线膛炮 +AT-10 反坦克导弹 +30 mm 口径 2A72 机炮

BMP-1 步兵战车

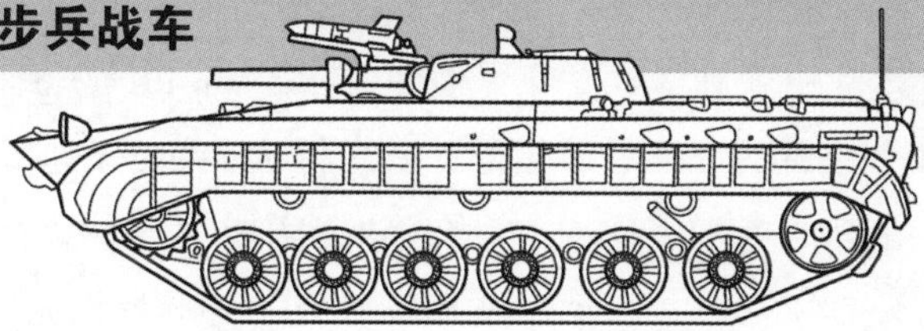

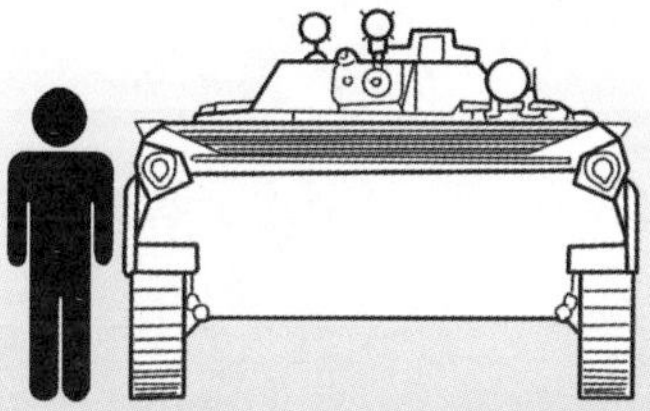

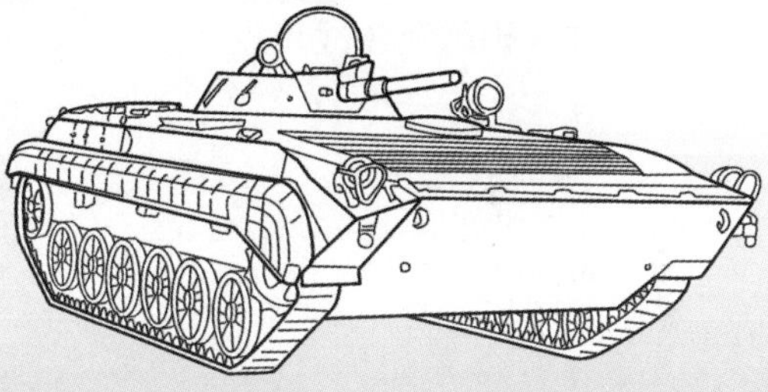

BMP-1 步兵战车内部成员示意图

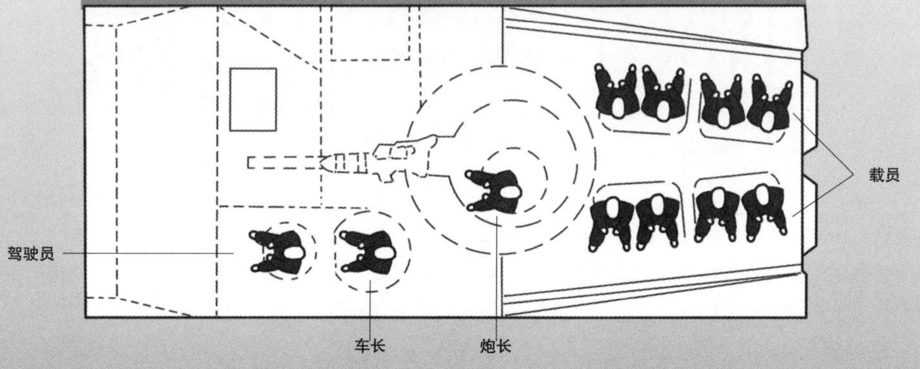

三名乘员位于车身前方偏左侧，8 名步兵搭载于车后部。

BMP 系列步兵战车

BMP-3 步兵战车采用了复合装甲，其车体和炮塔均为铝合金装甲和钢装甲焊接结构，重要部位还加装了附加装甲。前装甲的防御力相当于 50 mm 钢装甲的防御水平，能抵挡 300 m 以外 30 mm 穿甲弹的攻击。其他部位的装甲也能抵挡轻武器和炮弹碎片的攻击。这在强调机动性大于防御力的步兵战车中算是比较优秀的。

BMP-3 在水上的行进方式也得到了改进，不再使用履带划水，改为由发动机带动一个喷水器向后方喷水，因此其水上速度由 BMP-2 的 7 km/h 提升至 10 km/h。

如今，BMP 系列已经发展到了 BMP-4（“库尔干人”步兵战车，尚未投入使用）。这是一款面向未来步兵作战的新型战车，配备一门全稳定式 2A42 式 30 mm 双路供弹自动炮，备有 160 发穿甲弹和 340 发穿甲榴弹；7.62 mm PKTM 机枪位于 2A42 式自动炮左边，有 2000 发备用弹；两枚“短号”激光制导导弹位于炮塔两侧。

BMP 系列步兵战车曾参加多次战争。在第四次中东战争中，埃及和叙利亚军队就投入了从苏联购买的 BMP-1，甚至曾以 BMP-1 的主炮和反坦克导弹击毁过以色列军队的 M60 坦克和梅卡瓦主战坦克。

BMD 系列伞兵战车

20 世纪 60 年代，在 BMP-1 步兵战车的基础上，苏联研发部门将其缩小尺寸，降低重量，并且应用上空投技术，研制出了 BMD-1 伞兵战车。之后又分别对 BMP-2 和 BMP-3 进行改造研制出 BMD-2 和 BMD-3。这一系列战车专门用于空降作战。

BMP-2 步兵战车

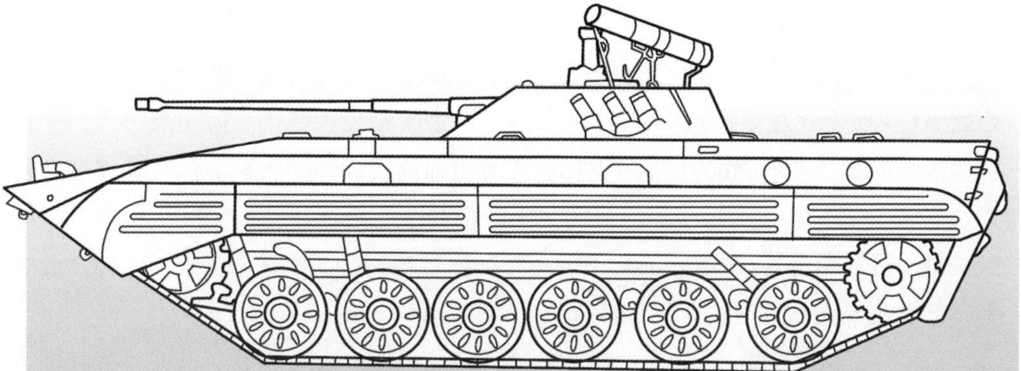

BMP-2 步兵战车，与 BMP-1 的区别主要体现在炮塔上。

BMP-3 步兵战车

BMP-3 是已经服役的 BMP 系列步兵战车中最具现代化水准的，无论是火力、防护水平、电子设备等都非常先进。

M2“布雷德利”步兵战车

1 在 M2“布雷德利”步兵战车服役之前，美国陆军大量装备的是食品机械化学公司的 M113 履带式装甲输送车。M113 自诞生以来大量投入使用。越南战争中，这种轻便的装甲车具有与 M60 主战坦克相当或者更强的机动能力，被美国大兵亲切地称为“战场出租车”。然而，其薄弱的装甲防护却饱受批评：越南军队机枪弹有时可
2 以从侧面贯穿 M113，车体底部防护也难以抵抗各种地雷，以至于大多数时候搭载的士兵都坐在车顶上而不愿坐在车舱内。

美国陆军迅速吸取了越南战争初期的惨重教训，推出了新的步兵战车发展计划，该计划得到了克莱斯勒集团、FMC 集团与太平洋汽车和铸造公司的竞争，最终 FMC
3 集团的 XM-732 步兵战车赢得了竞标。XM-732 步兵战车后来按照美国军方的意见进行修改，1980 年被命名为 M2“布雷德利”步兵战车，1981 年正式量产并进入美国军队服役。

M2“布雷德利”步兵战车采用传统的发动机前置式结构，车内由前至后分别为
4 驾驶室、战斗室和载员室。驾驶室位于车体左前部，驾驶室顶部有一个向后开启的大型舱门，驾驶员在开舱行驶时，头部和胸部可以完全露出，视野良好。舱门上有 4 具潜望镜，三具在前方，一具在左侧，其中一具可换成 AN/VVS-2（V）3 潜望式微光驾驶仪。

5 双人炮塔位于车辆中央偏右位置，能 360° 旋转。炮塔正面安装有一门机炮，火炮右侧安装一挺并列机枪。炮塔左侧装有一具可升降的 M27 双管“陶”式反坦克导弹发射架，行军时撤收在炮塔侧部。在炮塔正面左右两侧各装有一组 4 具电击发烟幕弹发射器，备用烟幕弹储存在烟幕弹发射器上方的装甲盒子里。炮手位于炮塔左侧，
6 车长居右，两人各有一个向后开启的单扇舱门，舱门周围分别布置有两具和 7 具供炮手和车长使用的 M17 和 M27 型观察潜望镜，可分别提供 180° 和 360° 的观察能力。炮塔顶部左侧装有一具供炮手使用的带装甲保护罩的昼夜合一瞄准镜。炮塔尾后部环绕安装有储物篮，用以储存机关炮炮弹，并可外挂 6 箱并列机枪弹药，还可为炮
7 塔尾部提供对破甲弹的额外防护能力。

载员室位于车体后部，M2 步兵战车可分别搭载 6 名车载步兵和两名侦察兵。载员室尾部有一扇液压操纵的跳板式大尾门供载员快速进出，当尾门发生故障无法打开时，其左侧有一应急小门。车体左侧甲板外后部有一个储物栏，可存放三箱枪弹。

8

M2A1

总重：27.6 t
全长：6.55 m
宽度：3.6 m
全高：2.98 m
操作人数：3 名乘员 + 6 名载员
装甲：7017 航空铝材
主要武器：
25 mm M242 链炮，备弹 900 发
“陶”式反坦克导弹，备弹 7 枚
次要武器：
7.62 mm M240C 同轴机枪，备弹 2200 发

M2A1“布雷德利”于 1986 年服役，加装 BGM-71“陶”式导弹 II 型和附有气体微粒过滤的核生化装置以及火力协调系统。

M2A3

M2A3 将之前的 M2 版本的所有构型都进行了数字化并加装了电脑火控系统、导航和通信系统，还加强了主被动新式装甲及核生化防护系统。

M2“布雷德利”步兵战车

在车尾门两侧各有一个外部储物箱，可以放置枪弹以及通信电缆。M2 载员室两侧和尾门上分别设置两个球形射击孔，在每个射击孔上方安装有与之配套的潜望镜。车辆载员室顶部有一个供装填反坦克导弹使用的舱门，装填导弹时舱门装甲护板可保护人员。

M2 步兵战车的火力配置十分强大，其主要武器是一门 25 mm 口径的机关炮，每分钟能够狂风暴雨般倾泻出 200 发炮弹，使用专门设计的 25 mm 贫铀穿甲弹进行连续射击时能够击穿大多数第二代主战坦克的主装甲。所发射的“陶”式反坦克导弹能在 3750 m 的距离上击穿世界上现有的任何一种装甲。

防护方面，M2 步兵战车也十分出色。与此前美军的 M113 装甲车相比，M2 步兵战车的战场生存能力得到了明显提高，这取决于其坚固的装甲。在 M2 步兵战车的炮塔、车尾、两侧都装有钢板和铝合金板制成的装甲板，能够抵御大多数步兵武器的袭击。之后的改进型 M2A2 对装甲进一步加强，安装了新的反应装甲，可以抵挡 30 mm 以下的脱壳穿甲弹或是小型反装甲榴弹。最新型的 M2A3 中，其装甲再次得到加强并安装了三防系统。

虽然 M2 步兵战车已经服役了数十年，但美军仍不打算淘汰它。在美军的计划中，M2 步兵战车还会进一步改进，其火炮的口径、火控系统等都是重点改进目标，以便在未来更有效地对付敌方的步兵目标和空中目标。目前已经采用和正在试验的 M2 变型车有许多类型：防空型步兵战车、35 mm 机关炮型、采用复合装甲型、新式炮塔型等多种。

1991 年，M2“布雷德利”步兵战车曾跟随美军参加了海湾战争，根据战后的数据，M2 步兵战车在这次战争中表现优异，所击毁的伊拉克坦克与装甲车的数量比 M1 艾布拉姆斯主战坦克还要多。

M6 防空型步兵战车

供单兵使用的“毒刺”导弹发射器和导弹

M2 步兵战车的重要改型 M6“后卫”，最显著的特点是炮塔加装了“毒刺”防空导弹。

“武士”步兵战车

1 英国军方关注步兵战车是比较晚的。直到 1967 年，英国陆军才开始考虑下一代装甲输送车的方案。1968—1971 年，英国国防部对这一方案进行了可行性研究。1972—1976 年，用了近 5 年的时间，才完成了方案论证，并制订了研制实施计划。1977—1978 年，经过方案优化对比，英国军方决定由 GKN 桑基公司为主承包商，并

2 由该公司开始第二轮方案论证。

这期间美国军方已经研制出 M2 步兵战车的样车—— XM2 步兵战车。1978 年，英国军方详细考察了 XM2 步兵战车，进行了多方面的试验，这对英国军方研制步兵战车是一个极大的促进。

3 1979 年，英国军方和 GKN 桑基公司正式开始了装甲战车的全面研制工作，开始建造几个关键性的试验台，研制期间的命名为 MCV–80 机械化战车，意思是用于“80 年代的机械化战车”。1980 年，制成了三辆样车，同时对冷却系统、减震器和悬挂装置等关键部件进行了台架试验。1984 年，英国国防部同 GKN 桑基公司签订了首批

4 生产供货合同。

到 1984 年，GKN 桑基公司共制造出 10 辆样车，先后在英国本土和海湾地区进行了部队试验和沙漠适应性试验，取得了良好的结果。在沙漠试验中，共跑了 850 km，其中 650 km 是用两天时间跑完的，这说明 MCV–80 的可靠性相当不错。

5 1985 年，英国军方将它正式命名为“武士”步兵战车。

从整车的总体布置看，车体前部是驾驶室和动力舱，驾驶员席在左侧，其上方有一扇驾驶舱门，向后开启；驾驶舱门上装一具广角潜望镜，夜间驾驶时，可换为微光夜视潜望镜或热成像潜望镜。动力舱在右侧，包括发动机和变速箱；主动轮在前。

6 这也是步兵战车通常采用的布置方式。车体中部为双人炮塔，炮塔的中心线稍稍偏左，这是因为右侧布置了动力舱，为了保持整车的横向平衡，才将整个炮塔稍稍左移。车长在右，炮长在左，二人的位置基本平行。载员舱在车体后部，7 名载员面对面而坐，右侧为 4 名，左侧为 3 名。载员的个人物品，可放在座椅底下，载员用的弹药也放

7 在座椅底下。载员的座椅在不乘坐时可用皮带吊起，以增大载员室的空间。车内所携带的食品和饮用水，可满足乘载员 48 小时连续作战的需要。车体的最后有单扇后门，载员主要通过后门上下车。载员舱顶部有两 2 扇左右开启的舱门，载员既可以从这里上下车，也可以打开顶舱门向外射击。

8

"武士"步兵战车标准型

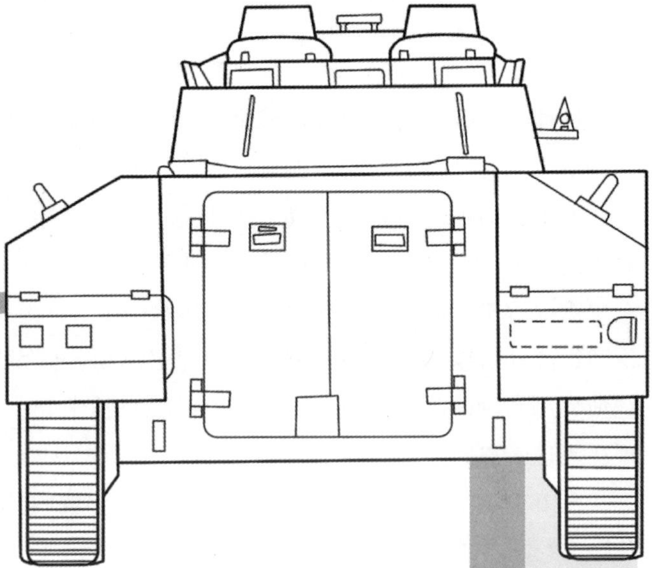

车长：6.34 m
车宽：3.0 m
车高：2.78 m
正常战斗重量：24.5 t
最大速度：75 km/h
最大行程：650 km
乘员：成员 3 名 + 步兵 7 名
主要武器：一门 M-242 30 mm 机炮，两具单管陶式反坦克导弹发射器
次要武器：一挺 M-240 7.62 mm 同轴机枪，两具五联装烟幕弹发射器

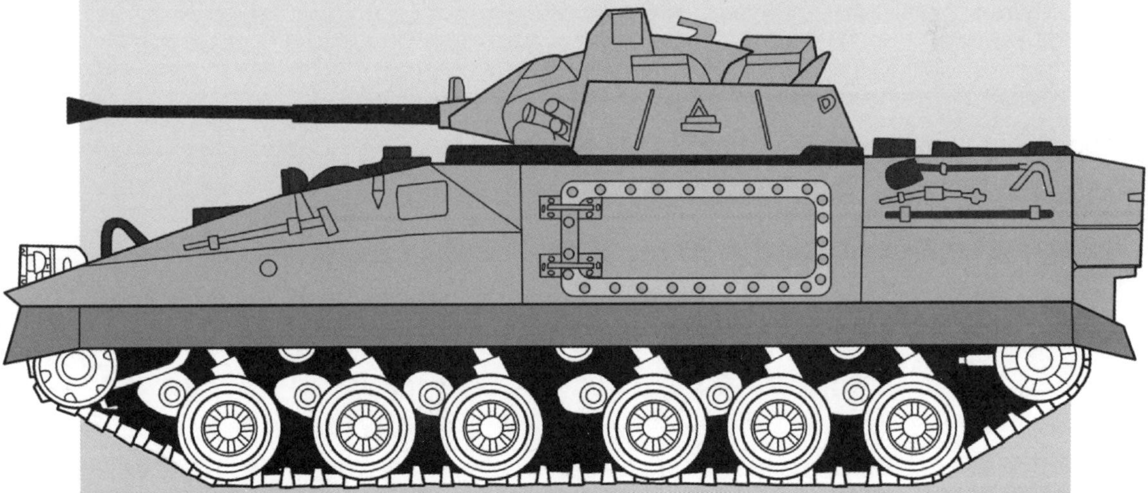

“武士”步兵战车

这种步兵战车的最大特点就是在设计之初就对车辆的隐身性能特别注重，除了加强对雷达波反射的隐身性能外，也尽可能减低车辆运动的机械噪声和热能。与空中和海上武器的隐身技术不同，由于地面地形复杂，许多地形都会造成反射。比起对雷达探测的隐身性能，如何抑制履带和发动机发出的声音和机械运动放出的热量是更需要解决的问题。以后随着战场现代化技术的普及，各种传感类仪器的性能将不断提高，所以相应的防探测技术也是必须要得到发展的。其中先要解决的问题就是侦察用车辆的隐身性能，这些方面的隐身技术会在陆战车辆中普及到何种程度，现在还是未知数。

在1991年海湾战争中，英军出动了300多辆“武士”战车，它们随着英军坦克长距离行军，连续作战，经受了战火考验，使它名声大振。2003年伊拉克战争中，英国派出“沙漠之鼠”装甲旅参加地面战斗。这支部队中拥有150多辆“武士”系列战车参加对伊拉克的进攻。由于在伊拉克战场上没有进行像样的地面战斗，“武士”战车表现平平，只是2003年4月7日那天，“沙漠之鼠”装甲旅攻占了伊拉克巴士拉城，“武士”战车异常活跃，它出没在城市街头，推倒了萨达姆塑像。

在发展步兵战车之前，英军十分喜欢步兵坦克这种非典型装备。英军在第二次世界大战中曾使用大量步兵坦克，这类坦克的用途是协同步兵作战，对步兵进行火力支援。它火力强大，防护力水平高，但速度慢、机动性差，常常会遭到德国空军的打击。

“武士”装甲回收车

“武士”装甲回收车，由英国陆军工兵单位操作，拥有的 6.5 t 起重机和起重能力 20 t 的绞盘以及助锄，能载运两具“武士”或一具“挑战者”导弹的动力包件，而且能牵引在战场上发生故障的“武士”。武器方面只有一挺 7.62 mm 自卫用机枪，车上编制人员包括车长、驾驶员、炮手与两名维修人员。

“黄鼠狼”步兵战车

1

德国的“黄鼠狼”步兵战车是第二次世界大战后由联邦德国研发的步兵战车，也是世界首批步兵战车之一。“黄鼠狼”步兵战车在20世纪60年代初开始研制，1969年4月正式批量生产。生产“黄鼠狼”步兵战车的公司有两家：莱茵钢铁公司和克虏伯公司。在1969—1975年期间，莱茵钢铁公司生产了2136辆，克虏伯公司生产了975辆。直到德国最新研制的“美洲狮”步兵战车大量服役之前，“黄鼠狼”步兵战车一直是德国联邦国防军陆军机械化步兵师的主力步兵战车。

2

所有的“黄鼠狼”车辆都采用全焊接钢制车体，能抵挡步枪子弹和炮弹碎片，车前的装甲能抵挡20 mm口径机炮弹的攻击，车辆的前部防护性能更强。为了使车辆周围各侧能够有更高的防护级别，莱茵金属公司对改型车辆进行了多次升级改进。比如专门提高了防护水平的“黄鼠狼”1A5，试验测试中，德国陆军的“黄鼠狼”1A5还安装了莱茵金属/IBD合作研制的硬杀伤主动防护系统（ADS），并成功地拦截了各种来袭的RPG反坦克榴弹弹头。

3

黄鼠狼步兵战车的车身中央为一个双人炮塔，右侧为车长而左侧为炮手，车长有8个360°视野的潜望镜，炮手只有三个潜望镜，两人皆配备有一个测距仪作为攻击之用。其武器为一门20 mm口径Rh202机炮和一挺MG3同轴机枪，必要时可加上“米兰”反坦克导弹发射器和5发“米兰”反坦克导弹。

4

黄鼠狼步兵战车的车身后方为步兵舱，能载运6名背对背载坐的士兵，步兵舱两侧各有两组射击孔和潜望镜，士兵可在车内向所见目标开火射击，步兵舱后方为尾门。

5

动力方面，“黄鼠狼”步兵战车的动力装置为戴姆勒－奔驰公司制造的MB833 Ea500型6缸水冷涡轮增压柴油机，最大功率600 hp。这使“黄鼠狼”步兵战车的最大速度能达到75 km/h，在当代步兵战车之林中是出类拔萃的。

6

目前，由于新一代步兵战车“美洲狮”的数量尚不足以完全取代“黄鼠狼”，莱茵金属公司以“黄鼠狼”的基础改造衍生出了多种车辆，如防空作战车辆、指挥车辆、工程车辆、救援车辆、后勤保障车辆、救护车辆，以及搜索侦察车和迫击炮车等。

7

8

德国陆军半个世纪的主力战车

乘员：3 名乘员 +6 名士兵
车长：6.88 m
车宽：3.38 m
车高：3.02 m
重量：33.5 t
最大速度：75 km/h
续航距离：520 km
武器：一挺 20 mm Rh202 机关炮（1250 发子弹）和一挺 7.62 mm MG3 机枪（5000 发子弹）和 5 枚“米兰”反坦克导弹

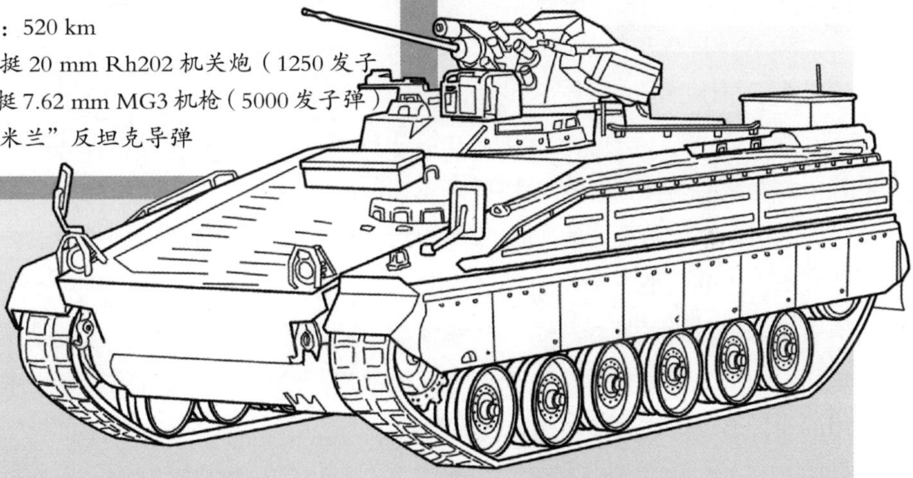

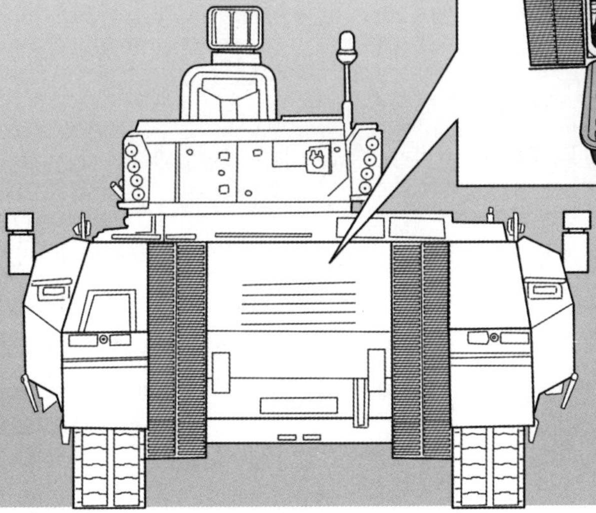

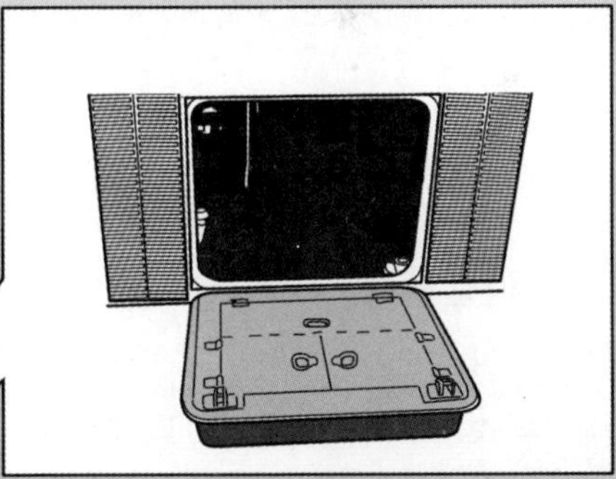

步兵舱后的尾门

89 式步兵战车

20 世纪 70 年代，各国特别是在欧洲、中东战场上作战的陆军部队，都加快了步兵战车的研制和装备速度，美国“布雷德利”、德国“黄鼠狼”等先进战车均属其列。日本在这方面的研究实际早就开始了，但由于各种原因被一再拖后。直到 1989 年，经过样车试验阶段，日本将新式步兵战车定名为 89 式步兵战车。

89 式步兵战车的基本布局比较传统，车体前部左侧为动力室，右侧为驾驶室，炮塔位于车体中部，车体后部为载员舱。

89 式步兵战车的车体、炮塔由装甲板焊接而成，能够抵御轻武器以及炮弹弹片攻击。为了对付空心装药破甲弹，车体前部和炮塔采用了间隔装甲，车体外形采用倾斜式设计以产生更好的防弹效果，前部上装甲的斜面非常低而平滑。

车体中部为战斗室，安装有大型双人炮塔，右侧有与车体前后相连的通道，炮塔由带倾斜设计的甲板构成，形状复杂，武器装备设在中间，右侧是车长，左侧是炮长，炮塔上为其提供了一个向后开启的出入舱门盖，炮塔前部有供车长和炮长使用的顶置潜望式瞄准镜。炮长还有两具固定潜望镜用于前、左方向观察，车长也有 6 具向各个方向观察的潜望镜。在炮塔上还安装了一种可探测敌导弹攻击的激光探测器，这种探测器在日本装甲车辆上广泛使用，一旦探测到激光束，车辆就可以做规避运动。

车体后部的载员室可容纳 6 名士兵，共有 6 具潜望镜供载员使用，保证了士兵的外部视野。载员室上面有开向左右两侧的舱盖，士兵可探身车外进行压制周围火力的战斗，但是这样会妨碍大型炮塔的转动，因此使用受到限制。载员室内部设置了射击孔，士兵通过这些射击孔可进行较广范围的射击。

研制 89 式步兵战车的目的是伴随 90 式坦克作战，所以其机动性要求很高，发动机的选用就是有力证明。89 式战车装备日本三菱 SY31WA 水冷 4 冲程直列式 6 缸柴油发动机，动力输出达到了 600 hp，使 89 式步兵战车拥有了最高 70 km/h 的时速。

89 式步兵战车的主要武器是瑞士厄利空公司生产的 35 mm KDE 机炮，由瑞士直接提供技术、在日本按许可证自行生产。该炮不仅可以对地面目标射击，还可对空射击，但是由于没有配备有效的瞄准装置，仅限于自卫作战。炮塔外部左右两侧安装了导弹发射器，后面有备用品箱。

● 注重防御的 89 式

总重：26.5 t　　操作人数：3 名乘员 +6 名步兵
全长：6.8 m　　装甲：轧压均质装甲
宽度：3.2 m　　主要武器：35 mm 口径 KDE 机炮
全高：2.5 m　　次要武器：74 式车载 7.62 mm 重机枪和 79 式反坦克导弹

● 89 式步兵战车的武器系统

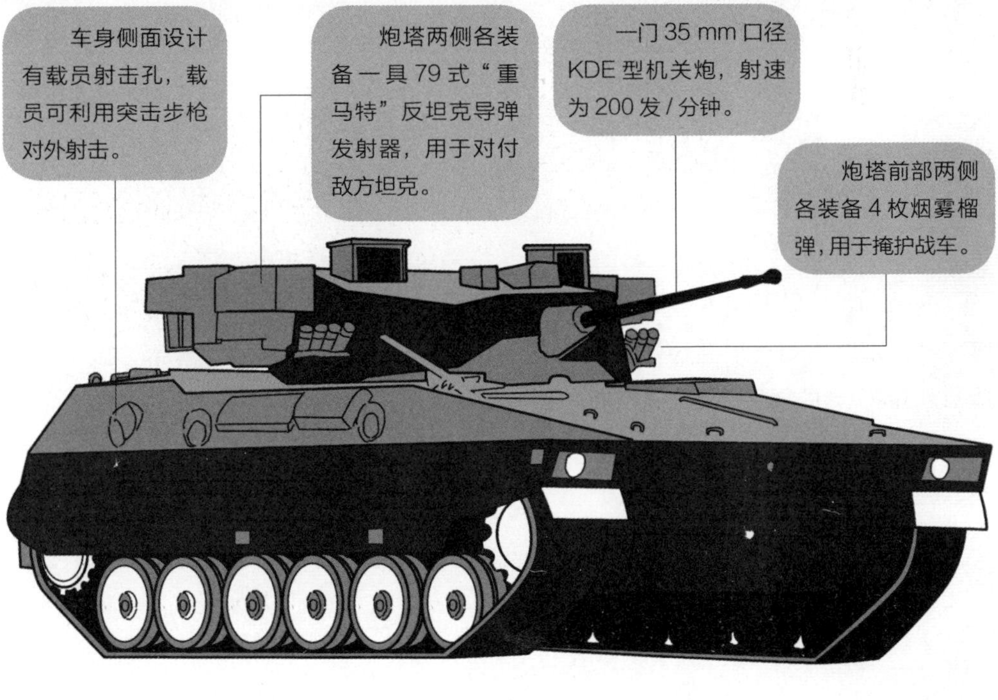

NIFV 步兵战车

NIFV 是在日本 89 式步兵战车列装的刺激下开始研发的。早在 1988 年，日本陆上自卫队即将装备新式 89 式步兵战车的消息传到韩国。日本 89 式履带式步兵战车是种先进的地面进攻武器，火力和机动力都超过本土自卫的需求，对邻国构成了威胁。韩国军方的心理受到很大冲击，立即开始研制了 NIFV 步兵战车。

韩国 NIFV 步兵战车的总体布局仍然遵循着当前世界步兵战车主流方向，车身为全铝质焊接装甲结构。它战斗全重为 25 t，比日本 89 式稍轻，具有战略运输能力。载员舱两侧因加装复合装甲板的缘故，没有开射击孔，这在其他战车上是比较罕见的。NIFV 步兵战车可搭载 9 名步兵，其中班长兼车长。NIFV 步兵战车配备了“三防”系统和一套被动夜视装置。车底设计具有抗御反坦克地雷能力。它自身没有浮渡能力，只能借助气囊系统才能在水中行驶。

NIFV 步兵战车装甲防护的最大亮点是开发了三级模块化装甲，可根据威胁进行升级或更换。目前已经采用的是 A 级和 B 级装甲，最高级的 C 级装甲因涉及以色列拉斐尔公司技术协助不得不推迟面世。采用 A 级装甲的 NIFV 步兵战车可防御 14.5 mm 机枪弹和 30 mm 空爆弹的攻击。它配有韩国三星公司研制的激光和雷达照射报警系统，这个系统能减少车辆遭受主动无线电或激光制导的各种反坦克武器的攻击概率。

火力方面是 NIFV 步兵战车的重点。它装置有先进的综合火控系统、车长独立周视热像仪、炮长热像仪和激光测距仪等。它的主要武器配有一门博福斯 40 mm 机关炮，但炮口消焰器由原来的喇叭型改为多缝式长管型。该炮为双路进弹，最大射程 3 km，可发射尾翼稳定脱壳穿甲弹和最新型的空爆弹，炮塔顶部还安装有一挺 7.62 mm 遥控机枪。NIFV 步兵战车威力最大的武器是在炮塔的两侧各部署一枚的瑞典产“比尔”攻顶反坦克导弹。“比尔”导弹采用独特的斜置式战斗部，破甲厚度达 800 mm。它的射程为 150 ~ 2000 m,，飞行路线保持在瞄准在线方 1 m 高度，能对坦克顶部实施有效攻击。

韩国的水陆两用战车

总重：25 t	操作人数：3 名车员 +9 名步兵
全长：6.9 m	装甲：复合装甲
宽度：3.4 m	主要武器：40 mm L70 机炮，两具反坦克导弹发射器
全高：2.6 m	次要武器：0.50 in（12.7 mm）K6 重机枪（3200 发子弹）

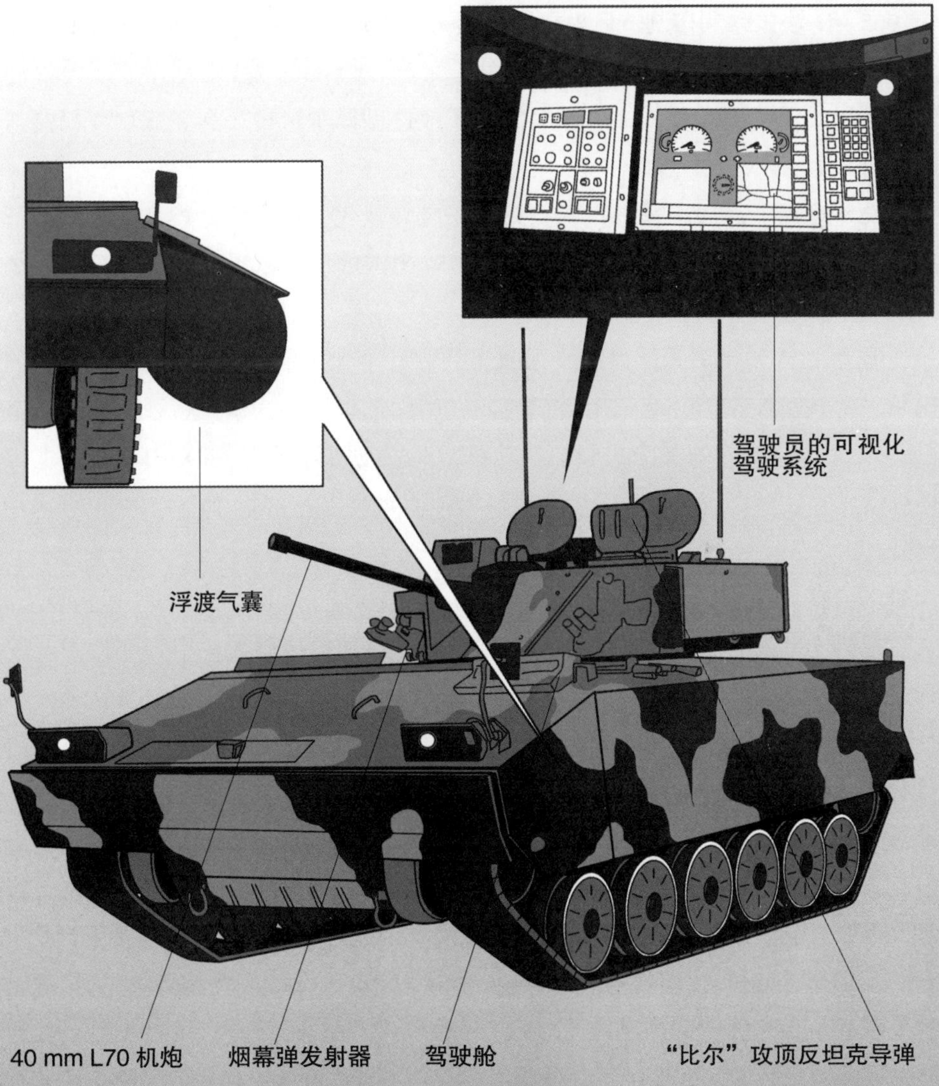

AMX-10P 步兵战车

1

法国军方早在 20 世纪 50 年代中期就研制出 AMX-VCI 步兵战车，但这种步兵战车是由 AMX-VTP 装甲输送车改装的，算不上是真正的步兵战车。法国真正意义上的步兵战车，当从 AMX-10P 步兵战车算起。

2

1965 年，法国穆利诺制造厂根据法国陆军的要求，开始研制一种新式步兵战车，以代替过渡性的 AMX-VCI 步兵战车，用于配合 AMX-30 主战坦克作战。1968 年，该制造厂制成了两辆样车，1970 年又完成了改进型样车。1972 年正式由罗昂制造厂生产，定名为 AMX-10P 步兵战车。

3

在设计过程中，法国军方强调步兵战车应轻量化，轮廓要低矮，具有水上行驶能力。AMX-10P 的战斗全重为 14.5 t，而当时德国的“黄鼠狼”步兵战车战斗全重则高达 29.2 t，整整相差了一倍。

4

外形上，AMX-10P 采用典型步兵战车的设计，车身是铝合金制箱形结构，前部呈锐角。驾驶室在左侧并有三个潜望镜而在中间那个可换为微光夜视镜，动力室在右侧，有一个 280 hp 的水冷式柴油发动机，此发动机除了在 AMX-10P 在陆上行驶时提供动力外还可以用来带动一个在车尾的喷水推进器，这令 AMX-10P 也可以在水中行驶。

5

AMX-10P 的主要武器为一门 M693 式 20 mm 机关炮，采用双向供弹、电击发方式，最大射速为 700 发 / 分，最大有效射程 1500 m，弹种包括脱壳穿甲弹和榴弹。发射脱壳穿甲弹时，在 1000 m 的射击距离上可击穿 20 mm 的钢装甲。除制式武器外，必要时可在车体顶部两侧各安装一具“米兰”反坦克导弹发射器，车内可装 10 枚导弹。

6

AMX-10P 轻量化的特点导致了它不会安装十分厚重的装甲。AMX-10P 的车体结构采用了铝合金装甲全焊接，炮塔为整体铸造件，可防轻武器和炮弹破片的攻击。车内有三防装置、灭火装置和烟幕弹发射器。铝合金装甲防脱壳穿甲弹的能力相对较差，再加上铝合金装甲被命中后可能会燃烧，因此近年来很少再有这种设计。

7

进入 21 世纪后，法国曾对 AMX-10P 步兵战车的内部将进行改装，使其可以搭载装备新型单兵一体化武器系统（FELIN）的步兵。此外，升级后的 AMX-10P 装有安装先进的信息终端，并加装了红外瞄准具，使其能在昼 / 夜和恶劣气象条件下打击目标。

8

AMX-30 坦克的好伴侣

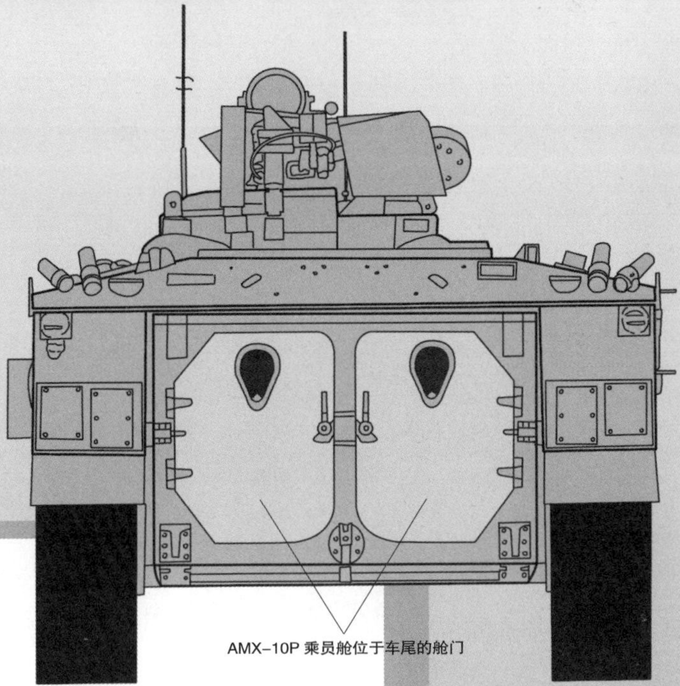

总重：14.2 t
全长：5.85 m
宽度：2.78 m
全高：2.57 m
操作人数：3 名乘员 +8 名载员
装甲：正面装甲可防御 300 m 外 23 mm 穿甲弹的射击
主要武器：20 mm M693 F1 机炮（备弹 800 发）
次要武器：7.62.mm 同轴防空机枪（备弹 2000 发）

BTR-90 步兵战车

BTR-90 步兵战车是俄罗斯著名的阿尔扎马斯机器制造厂生产的，该厂曾经在第二次世界大战中生产过大量 GAZ 卡车。尤其是 1945 年，苏军突击兵团就是乘坐它制造的嘎斯卡车攻占了纳粹德国重镇罗斯托克，打开了通向柏林的大门。GAZ 卡车成为苏军取得罗斯托克之战胜利的标志性装备，这也是该厂的骄傲。为此，该厂赋予了 BTR-90 步兵战车“罗斯托克”的绰号。

BTR-90 目前装备于俄军机械化部队，主要用作俄罗斯陆军和海军步兵的运输和支援单位，同时该车也可作监视、侦察和巡逻用途。它是比较早采用轮式设计的步兵战车，这一特点是为了保证运输步兵和火力支援时的高机动性，同时良好的弹性底盘也为车内人员提供了一个良好的车内环境，并且能够对车内人员起到良好的保护作用。

BTR-90 最高时速能达到 100 km/h，并拥有与履带式步兵战车相同的越野能力，在通常状态下，车辆平均时速在 50 km/h 左右。车辆可以行驶于水面上，它的两个喷水推进器可以使车辆在水上以 9 km/h 的速度航行。

BTR-90 采取焊接钢装甲钢板设计。BTR-90 改进了整个战车的前缘弧设计，使其能够有效防御 14.5 mm 口径的枪弹。侧面装甲的倾斜设计可以有效防止大口径机枪和爆炸产生的弹片碎片。附加防御装甲也可以加装在车体周围，比如采取被动防御方法的爆炸反应装甲，这样的强化升级可以有效增强车辆在战场的存活率。

武器方面，BTR-90 使用了与 BMP-2 一样的希普诺夫 2A42 型 30 mm 口径机炮，能携带 500 发炮弹。还有一挺 7.62 mm PKT 同轴机枪，载弹量为 2000 发子弹。炮台上还有一门 30 mm AGS-17 自动榴弹发射器。在炮塔两侧，BTR-90 设计了专门的导弹发射台，上面安装携带了 5 枚 AT-5 反坦克导弹，以对付装甲目标。这 5 枚导弹是通过底座安装到车体上的，必要时可以拆卸下来由单兵使用。

俄罗斯新一代步兵战车

总重：20.9 t

全长：7.64 m

宽度：3.20 m

全高：2.98 m

操作人数：3 名乘员 +7 名载员

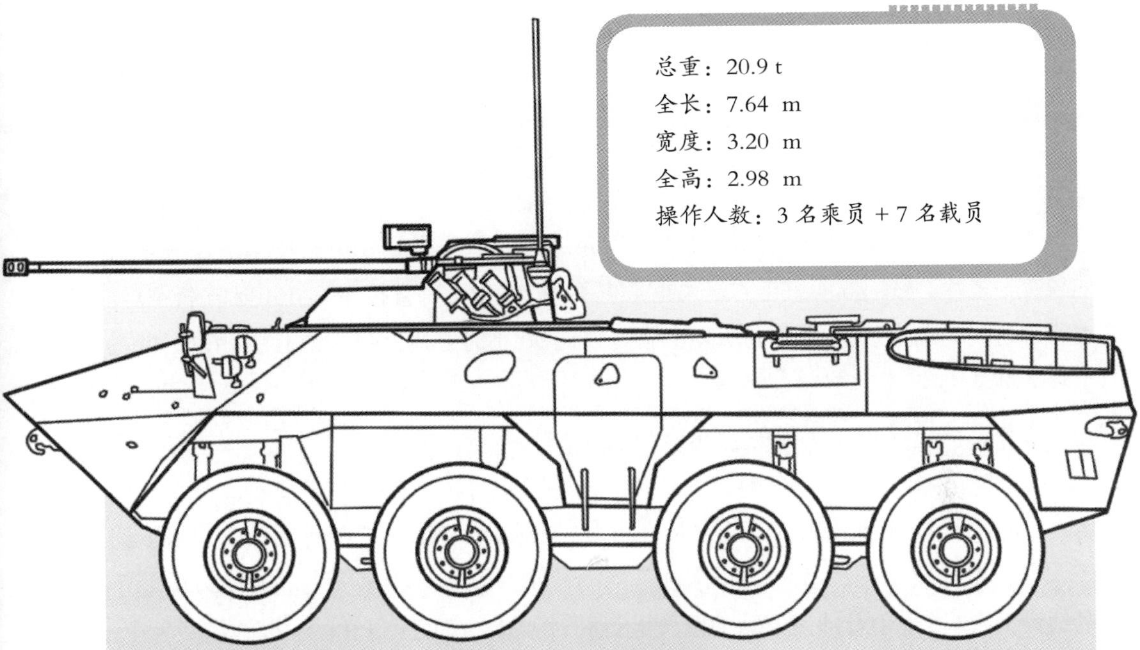

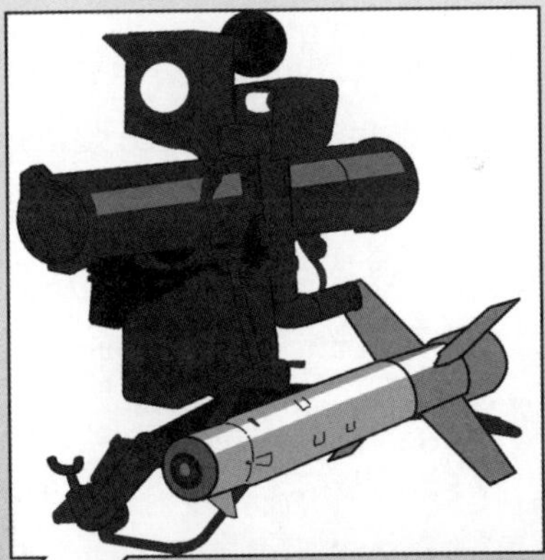

BTR-90 上安装的 AT-5 反坦克导弹

史崔克 M1126 装甲运兵车

史崔克轮式装甲车是美国陆军快速战斗旅的核心战斗平台。该车由加拿大通用汽车防务公司和美国通用动力公司联合为美国陆军制造，在机动性、兼容性、快速部署、生存能力和杀伤力方面都有出色表现。

史崔克装甲车拥有新型的设计和昂贵先进的车载设备，在美军中素有“装甲凯迪拉克”之称。另一方面，它的最大重量也不到 20 t，可以直接由 C-130 运输机空运。美军号称，装备史崔克的高机动装甲旅可以在 96 小时之内运抵世界任一角落，并马上投入战斗。

史崔克装甲车的基本型号是 M1126 装甲运兵车，虽然名为运兵车，但实际功能上是一款完全的步兵战车。M1126 装甲运兵车的主要功能为将步兵运送至战场，并于步兵班下车后提供其火力支援。M1126 是一款通常情况下为四轮驱动，但可依路况调整为全轮驱动的的装甲战斗车辆；当满载步兵及其武器装备时，M1126 的总重量约为 16.47 t。当于有铺设道路的路段上行驶时，M1126 可达到 100 km/h 的最高时速；行驶于越野路段时，速度为 37 km/h。

M1126 装甲运兵车的标准人员配置是运载一组 9 人小队以及两名乘员（驾驶员及车长）。相比于传统的步兵战车，M1126 装甲运兵车上并没有炮长或者射手这样的人员，因为它装备的一具“防御者”M151 遥控武器站完全能够由车长进行遥控发射，无需专门的人员控制。“防御者”M151 遥控武器站可安装下列三种武器之任意一种：一挺 12.7 mm 口径 M2HB 重机枪、一门 40 mm 口径 Mk 19 自动榴弹发射器或是一挺 7.62 × 51 mm NATO M240 机枪。

数字化通信是史崔克装甲车的强项，M1126 装甲运兵车也不例外。M1126 的车长可以使用一套 FBCB2（Force XXI Battle Command Brigade and Below）数字通信系统，以文字信息或是地图网络指令的方式来与僚车通信或是与战斗旅指挥部联系。系统上的地图会显示出战场上所有车辆的位置；任意一辆 M1126 的车长可以于地图上标示敌军车辆的所在位置，而其他 M1126 的车长也能透过此系统看见该敌车。

在 M1126 装甲运兵车的基础上，史崔克装甲车已经发展出一个庞大的车族，包括侦察车、指挥车、急救车、反坦克车等。

号称目前最先进的装甲车

总重：16.47 t
全长：6.95 m
宽度：2.72 m
全高：2.64 m
操作人数：2 人 +9 人
装甲：可抵挡 14.5 mm 口径武器的射击

主要武器：1× “防御者 "M151 遥控武器站
1×12.7 mm 口径 M2HB 重机枪，或
1×40 mm 口径 Mk 19 自动榴弹发射器，或
1×7.62×51 mm NATO M240 机枪
4×M6 烟雾弹发射器
次要武器：1×12.7 mm 口径 M2HB 重机枪
1×7.62×51 mm NATO M240 机枪

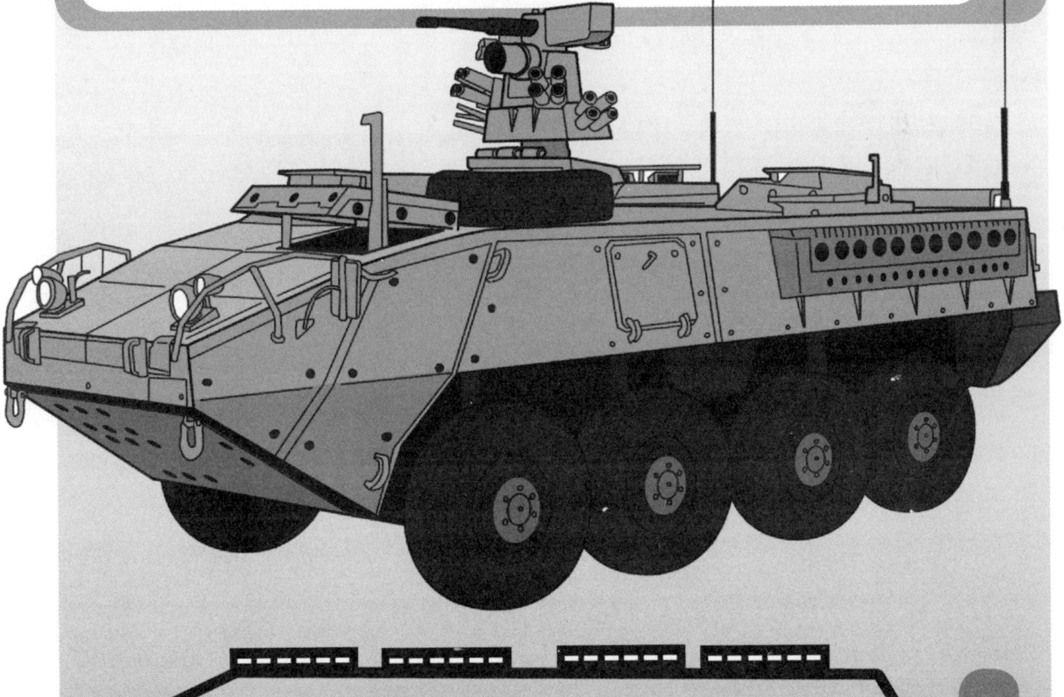

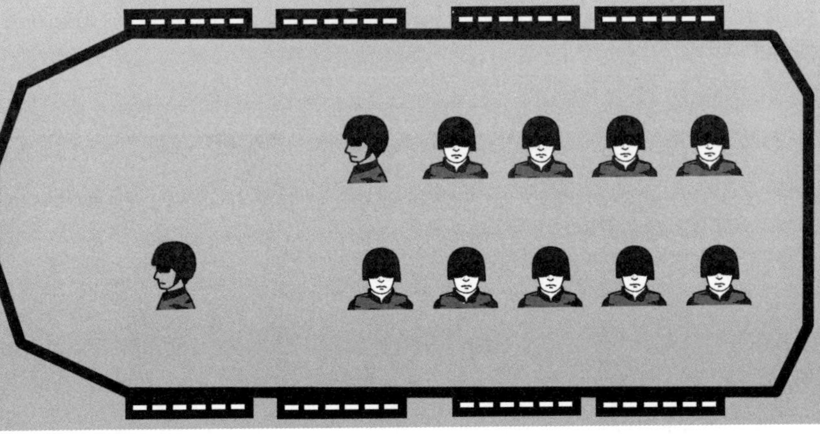

M1126 装甲运兵车车内人员分布

专题：装甲车带来的新兵种——机械化步兵

1

机械化步兵是在第二次世界大战期间，由德国在闪电战理论指导下开创的一个兵种。纳粹德国陆军为了加强步兵的机械化作战能力以配合坦克集团的高速突击，给步兵配备了汽车或履带式运输车。在实际作战中，由于步兵的防护能力较差，因此又开发出步兵可以搭乘作战的装甲车辆，以不间断配合坦克部队的行动，甚至安装重武器方便于巷弄间执行扫荡。1943 年开始，为了鼓舞动摇的军心，希特勒用装甲掷弹兵命名那些搭乘装甲车作战的步兵，希望用普鲁士军队的传统唤起军队的荣誉感。

2

现代陆军中机械化步兵一般指的是搭乘步兵战车或装甲输送车机动的步兵。机械化步兵是伴随着坦克和大规模集团作战理论出现的兵种，其特点就是火力、机动力以及防护力强，适合配合坦克机动作战。

3

纳粹德国、苏联和美国分别研制了供步兵伴随坦克作战使用的步兵战车，并完善了步兵伴随坦克作战的理论和作战条列，机械化步兵逐步成为军事强国的主要陆军战斗兵种。

4

机械化步兵主要装备包括步兵战斗车或装甲运兵车、机枪、突击步枪、冲锋枪、火箭推进榴弹及手榴弹等。而任务方面通常有伴随坦克、装甲运输车、步兵战车等执行作战辅助等。

5

机械化步兵在战场上的职责很多，在进攻中，保护己方坦克不受敌方反坦克武器的打击，为坦克开辟进攻通道，扫清己方坦克侧翼和后方的威胁，巩固己方已占领阵地；在防御中，加强防御前沿的反坦克打击力量和装甲防护力量，利用高机动性，杀伤敌方有生兵力和技术兵器，干扰对方、增援防线薄弱环节等。

6

7

8

第八章
军用摩托

摩托车的战场运用

第一次世界大战是人类历史上第一次全球化战争，这次大战中出现的作战形式、新式武器也使战争形态产生了新的变化。尤其是机械化的运用，可以将其视为现代战争的开端也不为过。虽然内燃机早在 1884 年就开始大规模使用，但它在当时仍然是一种缺乏可靠性的发动机。1915 年，部署于西线的英国远征军的一个师级部队仅配备了 11 辆汽车、4 辆卡车、19 辆摩托车和 21 辆救护车。与之相比，马匹的能力以及吃苦耐劳精神在实战中得到了检验。到底是继续使用马匹还是选择机动车辆，英国有关部门也一直进行着激烈争论。

在当时的农业生产中，拖拉机已经取代了马匹，新式农业机械得到了广泛使用。在索姆河战役中，坦克于 1916 年 9 月首次出现在战场上，而当机枪、地雷和火焰喷射器以及这些武器的相关战术开始在战争中得到运用之后，作战技术以前所未有的速度向前发展。在双方长期对峙期间，都在汲取作战经验的基础上进行了大量创新。

以英国为例，1919 年，英国皇家陆军希望找到增强部队机动能力的新方法，其中一种方法就是研制摩托车，并以第一次世界大战期间难以想像的规模大量使用。在第一次世界大战期间为英军提供摩托车的厂商主要包括 AJS、BSA、诺顿、胜利和道格拉斯等公司。1916—1918 年，道格拉斯公司以全速生产方式为英国陆军提供 1913 年设计的侧阀双缸摩托车，共生产该型摩托车 25000 辆。胜利公司制造 H 型摩托车的各类改型共计 30000 辆，当该车采用民用涂装后，在战后 20 年代的摩托车发展热潮中，成为最知名的型号之一。

经过第一次世界大战的检验，从 20 世纪 20 年代初开始，军队机械化进程呈现出加速发展态势。到第二次世界大战时期，摩托车的使用量一度大幅提升。仅美国的哈雷 - 戴维森公司就制造了 89000 辆 WL-A 型摩托车，美国陆军共接收了 60000 辆该型摩托车，其余分别被英国、苏联、澳大利亚和中国订购。当时德军使用的跨斗摩托车名气也很大。德国的摩托车工业通过在竞赛用摩托车领域不断创新，实际上在大战爆发前很久就已做好了相关准备，宝马、DKW 和 NSU 等公司都曾为德军提供了大量摩托车。

尽管当时摩托车比摩托化部队配备的许多装备都具有灵活性优势，但摩托车担负的许多传统任务到第二次世界大战中后期逐渐被四轮车辆取代。

最早的摩托车

老式步兵作战 → 摩托车机械化作战

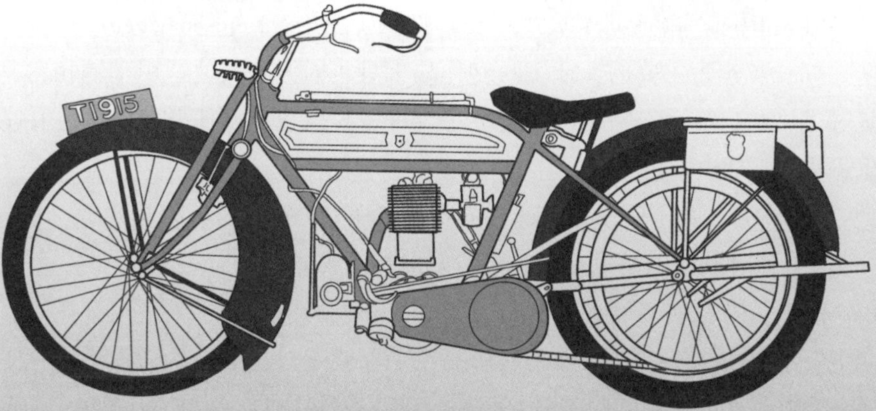

胜利 H 型摩托车，被认为是第一款现代摩托车。

摩托车战场应用

第二次世界大战中，配属于装甲部队的英军宪兵摩托车手正在训练与坦克编队进行协同行动的特殊驾驶技能。他们的重点训练内容是在前沿实施快速机动并帮助坦克乘员在公路上实施有效掩护，此外还必须成为技能高超的神枪手，能够使用多种型号的轻武器。

宝马 R75 摩托车

1935 年德国陆军就成立了军用摩托车部队（德语：Kradsch ü tzen Truppe）。这支部队以摩托车作为主要的交通工具和作战工具，因为和其他军用车辆相比，摩托车重量轻速度快，能适应崎岖的地形，主要被用来执行侦察任务，后期也有在边车上加重机枪和野战迫击炮。

1937 年 11 月，德国陆军最高统帅部要求宝马和聪达普车厂为军方研发专用的军用摩托车，因而诞生了日后闻名于世的宝马 R75 和聪达普 KS750。

R75 由原为民用型宝马 R35 改良而来，宝马公司生产的主要军用摩托车有宝马 R12、R35、R71 和 R75，除了宝马 R35 为中型摩托车外，其余均为重型摩托车。宝马 R35 配备 14 hp 单缸风冷发动机，而其他几种动力都在 22 ~ 26 hp 之间，配置双缸风冷发动机，排量 0.75 L，四速带倒挡变速箱。宝马系列摩托车中，以宝马 R75 最为著名，该车从 1940 年一直生产到 1944 年，排量 0.746 L，采用 26 hp 双缸风冷发动机，四速（带倒挡）变速箱，最大速度可达 95 km/h。前轮为机械刹车，后轮为液压助力刹车，悬挂为伸缩套筒式前叉。

这些设计在当时是相当先进的，也成为当代摩托车设计纷纷模仿的对象。而且，R75 还体现了较为人性化的设计，为了照顾寒区驾乘的需要，部分废气可以通过一个选装的锥形排放口喷向驾驶员脚踏板的位置，就像专门为驾驶员设计的暖气，另外一根气管可以为成员控制车把的手加热。挎斗里也有送风装置，油箱侧面安装了两块塑料护板，避免了膝盖和金属油箱的磕碰。

R75 不仅仅是交通工具，车上还装有枪架和炮架，能够安装机枪和火炮。大多数情况下所安装的武器是一挺 MG 34 机枪（安装在挎斗前方），有时也在挎斗上搭载一门野战迫击炮。

卓越的性能让它在战场上游刃有余，深受官兵的喜爱。宝马摩托车在战场上的表现，也受到了盟军重视，有鉴于此，苏联和美国基于 R75 研制了自己的军用摩托车，分别是乌拉尔 M72 和哈雷戴维森 XA。

知名度最高的军用摩托车

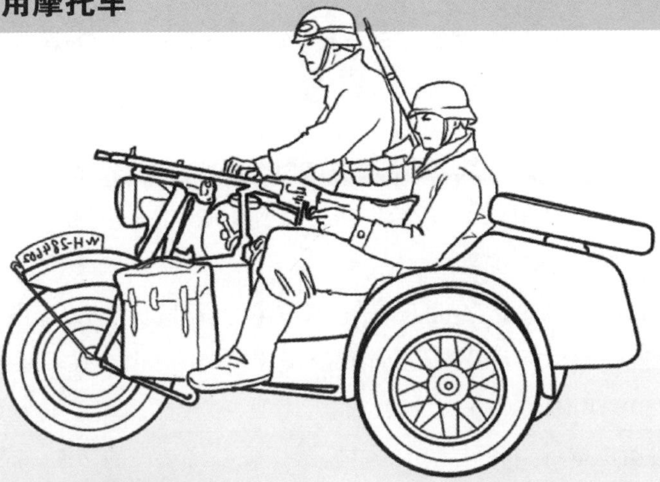

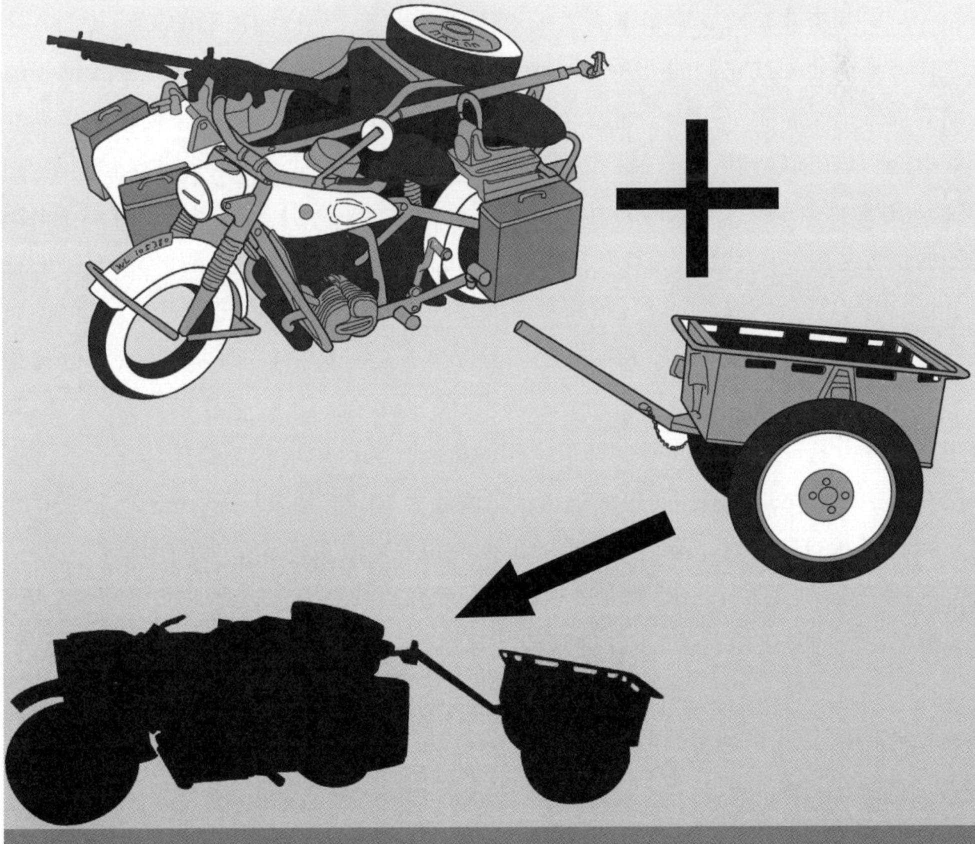

宝马 R75 动力强劲，除了挎斗在特定情况下可以作为运输用途外，还专门设计有拖斗，挂载于车辆后方。

聪达普 KS750 摩托车

KS750 是聪达普公司生产的重型军用摩托，它是战争中德军使用最广泛的一款摩托车。该车从 1941 年开始生产，直到 1945 年纽伦堡的制造厂被盟军摧毁时，总共大约生产了 18500 辆。

KS750 装备了 26 hp 0.751 L 双缸风冷发动机，动力经由 4 速变速箱传递到后轮。KS750 输出扭矩大得惊人，能够拖曳相当大的重物，在军队中素有“绿色大象”之称。KS750 采用轴传动方式，为了越野需要，其挎斗车轮有传动装置，并且设计有倒挡、公路挡、越野挡和可锁定的差速器，可以将动力的 70% 分配给后轮，30% 供给挎斗车轮。后轮和挎斗车轮安装了强有力的液压刹车装置。平行四边形前叉是 KS750 经典之作，根据使用过它们的士兵们反映，聪达普平行四边形前叉比宝马 R75 使用的伸缩套筒式前叉略胜一筹。尽管复杂的车架结构给维修带来了诸多不便，但操纵性非常出众。从转向柱到后轴全部是钢管组成的三角形结构，让车架具有非常强的刚性。和宝马 R75 一样，聪达普 KS750 也考虑到了在寒区驾驶摩托车的问题，采用了 R75 类似的供暖结构，利用废气为驾驶员和挎斗里的成员加热。

1942 年以后，新成立的摩托侦察部队所使用的摩托车几乎都配有武器。而 MG34 机枪由于射速高的优势成为了 KS750 的标配，为了安装 MG34，德军在摩托车的挎斗上方安装了机枪支架，后备箱中还有专门设计的弹药架，可以存放三盒 50 发 MG34 所用的枪弹，挎斗内侧上方还设计了专用的机枪托架，用来防止摩托车在行进过程中左右摇晃。另外，为了提高作战效率，车内还为 MG34 准备了备用枪管。KS750 摩托车具有良好的自持力，挎斗外侧前方的两侧以及驾驶员座位后方的储物箱能够携带常用的工具和零配件，还可携带 5 L 的备用燃油。

值得一提的是，聪达普 KS75 的结构十分复杂，生产需要大量有着熟练技术的工人，加上军方严苛的产品要求，使得一辆聪达普 KS750 摩托车的成本竟然达到了当时大众制造的 82 式水桶车的两倍。

宝马 R75 的竞争对手

值得注意的是，KS750 和 R75 两种摩托车的大部分零部件具有互换性，这便于战时零部件的后勤保障。两车坚固耐用，从结构上说是得益于车架良好的刚强度，从转向柱到后轴全部是钢管组成的三角形结构，特别是KS750，外露的粗大简洁的车架成了它最显著的外部特征，这种车架结构坚固耐用，便于维护。

WL-A 摩托车

20 世纪 30 年代，经历了经济大萧条的美国仅剩下印第安人公司和哈雷 – 戴维森公司两家摩托车制造商。印第安人公司在第一次世界大战中是美国军用摩托车的主要供应商，它为美国军方提供了排量为 0.75 L 的 640 型摩托车，后来演变为排量为 0.5 L 的 741B 型“侦察兵”以及排量 1.2 L 的 340B 型“酋长”。第二次世界大战爆发后，根据租借法案的要求，印第安人公司生产的一些早期型号被送往英国和法国，随后装备了在英国组建的捷克和波兰军队。虽然该型摩托车在出口市场较受欢迎，但其本身仍然存在一些问题，使得美国军方对大规模采购犹豫不决。

有鉴于此，美国军方将目光投向哈雷 – 戴维森公司，该公司当时正在考虑将民用型号迅速转化为军用型号。1939 年 8 月，哈雷 – 戴维森公司将两辆采用侧阀式发动机的 WL 型（提供给美国陆军的被称为 WL–A 型）军用摩托车运至肯塔基州的诺克斯堡，并于 6 个月后开始进行严格的性能测试。美军认为如果对 WL–A 型摩托车进行适当修改，该车就可以接受。这一决定促使哈雷戴维森 WL–A 型摩托车成为此后战争中最受美国士兵喜爱的军用摩托车。

美国陆军于 1940 年 1 月向哈雷 – 戴维森公司提交了第一份订单，最初订购了 421 辆 WL–A 型，几个月后就将订单数增至 5000 辆，接下来的几年中更是订单不断，WL–A 型摩托车一直生产至 1945 年 8 月。整个战争期间，哈雷 – 戴维森公司总计制造了 89000 辆 WL–A，是当时单一型号生产数量最多的摩托车。战争结束时，WLA 摩托车宣告停产，但后来由于朝鲜战争的爆发，哈雷 – 戴维森又曾经短暂重启过 WL–A 生产线，直到 1952 年最后停产。

哈雷 – 戴维森摩托车公司

通常我们将哈雷 – 戴维森摩托车公司简称为哈雷摩托车公司，该公司的民用产品主要是为公路巡航设计的重型摩托车。哈雷摩托车有着独特的设计和出色的性能，在全球范围内掀起了“美式机车”的风潮。

“W” “L” “A”的含义

W：哈雷 - 戴维森摩托车的 W 系列。W 系列是当时采用了先进的平头发动机的系列。

L：L 是低压缩（low compression）的缩写，对应高压缩（high compression）。低压缩是 W 系列摩托车发动机为了更简单可靠而设计的。

A：A 表示军用（army）。

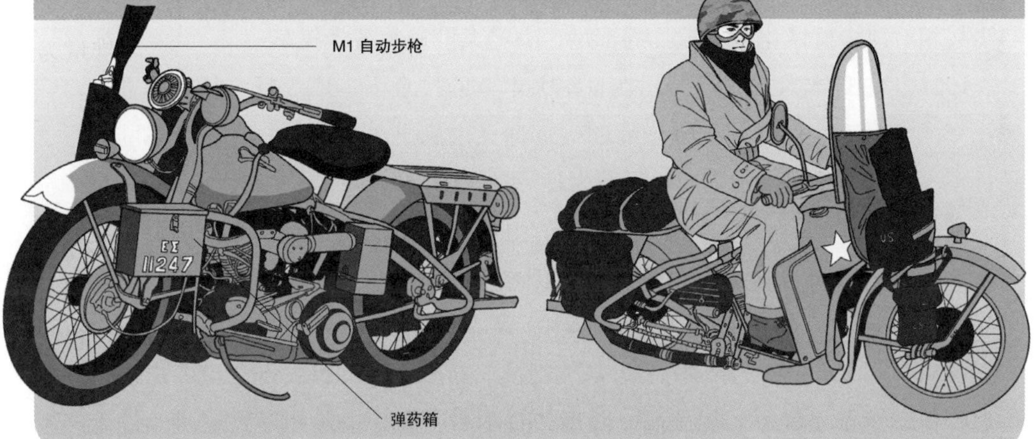

第二次世界大战二战中美军的摩托车骑兵

九七式摩托车

第一次世界大战以后，看到了欧洲各参战国使用的全新战术以及与之匹配的新装备，日本陆海空军的装备也根据战略进行一系列的调整。日本陆军为了弥补骑兵与步兵相对缺少机械化运输载具的不足，决定大批量装备摩托车。

1923 年，日本兴东贸易公司在日军大本营的授意下，成为日本从美国进口哈雷摩托车的贸易商。但是，仅仅依靠购买远远无法满足当时不断扩建的日本陆军。于是日军决定通过民间公司生产摩托车为日军批量供应。

日本关东军急需各型摩托车的生产，由兴东贸易公司引导，通过增资（主要资金来源于日军）向美国哈雷公司购买全套的生产图样和设备以及足够生产 190 台整车的配件。与此同时，日本陆军要求国内厂商能够完成所有自主生产，包括发动机。

1933 年，日本以哈雷摩托车为基础制造的新款车型问世，但测试中出现了缸体炸裂、传动链条强度不够等故障。随后，日本另一家厂商品川工厂通过改进生产工艺完成了生产，但受到规模限制，产能出现瓶颈。在日本陆军的协调下，品川工厂将发动机、变速器和后轮毂等工艺，与其他两家组装厂共享。1936 年，品川工厂改名为三共内燃机株式会社，使用“陆王”标志生产自产哈雷摩托。

1937 年 10 月，“陆王”摩托车命名为“九七式军用侧三轮摩托车”，简称九七式摩托车。九七式摩托车搭载了一台 VL1200 型号的 V 形双缸发动机，这是由哈雷摩托车搭载的动力总成逆向仿制而来。由于全车使用大量钢材，全车自重近 410 kg。九七式摩托车的货斗可搭载一名全副武装的士兵，或一名驾驶员一名后排乘员的武器以及二天的战斗补给。满载三人和武器辎重时，最大行驶距离为 180 km，最高车速 110 km/h。挎斗外形呈船型，可起到高速行驶稳定气流减少风阻的作用，并配备挡风玻璃。

在抗日战争中，几乎随处可见九七式摩托车的身影。整个抗日战争期间，品川工厂、日本内燃机、东洋工业、冈本汽车等不下 10 家企业为日本陆军生产了大量九七式摩托车。日本战败后，这些企业大多倒闭，于 20 世纪 50 年代彻底停产。

独特的挎斗设计

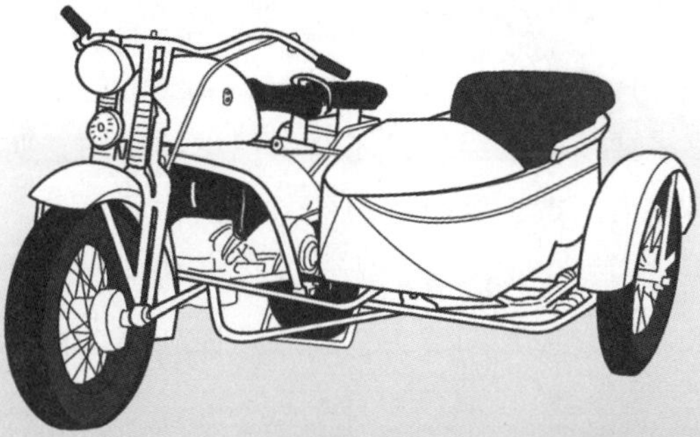

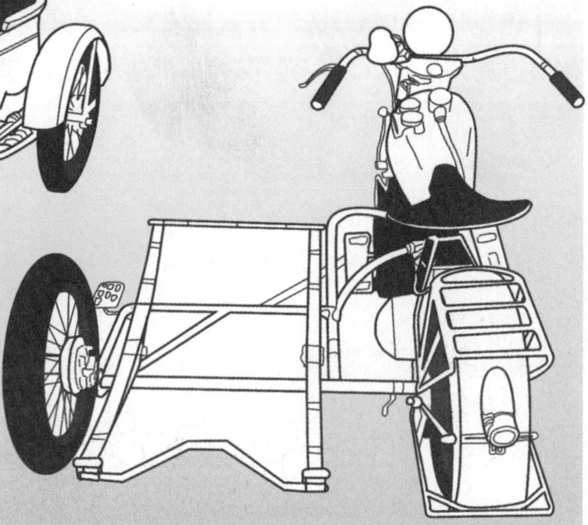

九七式摩托车和当时其他军用挎斗摩托车最显著的区别在于它的挎斗位于左侧

侵华日军使用的九七式摩托车

乌拉尔 M72 摩托车

在苏联卷入第二次世界大战之前，尽管苏德已经签订了互不侵犯的条约，斯大林知道德国向苏开战只是早晚的事，为此未雨绸缪紧急部署军方做好作战准备。特别是保护本土安全的陆军，要负责狙击德国装甲部队、地面部队以及特种部队，任务特别重大。由于此前已经见识到德军“闪电战”的威力，苏联意识到提高自己的军队机动能力迫在眉睫。

苏联国防部秘密举行了一场会议，会议决定仿制德军使用的宝马 R71 摩托车。随后苏军开展了秘密的“地下活动”——私下从中立国瑞典购买了五辆宝马 R71 摩托车偷运到苏联。莫斯科的工程师迅速拆解了这五辆宝马样车，绘图，仿制，工作进展得很迅速。1941 年初第一台试验装备成功，由乌拉尔机械厂进行生产，定名为 M72。

考虑到苏联严寒的气候，乌拉尔机械厂在制造过程中对 M72 的结构，尤其是发动机性能进行了优化，令其成为世界上唯一能够适应极冷和极热温度的摩托。并且，乌拉尔 M72 及其发展型号也是世界上唯一一型从第二次世界大战连续生产至 21 世纪的三轮摩托。

乌拉尔 M72 具有技术简单、结构牢固、造型古朴、维护简易的特点，更为重要的是，它采用了摩托车中少见的全轮驱动形式，即三个车轮都有动力输出，能够克服众多复杂路面障碍。全轮驱动使乌拉尔 M72 有很好的越野性能，而且能够运载超过 150 kg 的载荷。但是，也存在压缩比小、热效率低、耗油量大、车辆过重等缺点。

1941 年 6 月 22 日，德国单方面撕毁互不侵犯条约，纠集附庸国芬兰、匈牙利和罗马尼亚分三路对苏联发动突然袭击，苏联卫国战争拉开序幕。大规模的卫国战争让乌拉尔 M72 有了英雄用武之地。1942 年 10 月 25 日，第一批 M72 投入战场，随后乌拉尔 M72 摩托车被源源不断地输往军队，频频出入于枪林弹雨中，活跃在战争最前线，为苏联红军立下了赫赫战功。第二次世界大战期间共有 9799 辆 M72 装备到苏军部队。

第二次世界大战结束后，由于乌拉尔 M72 摩托车在战场上的优异表现，更受到苏联军方的重视，仅仅 1945—1950 年间，苏军就从乌拉尔机械厂采购了 30000 辆摩托车。

苏联的宝马摩托车

全长：2.13 m
高度：0.98 m
轴距：1.4 m
座高：0.78 m

乌拉尔 M72 的挎斗可拆卸，两轮版本主要供侦察兵或通信兵使用。

乌拉尔 M72 三轮摩托车搭载苏联 DP 机枪，机枪安装在挎斗前方的枪座上，以便乘员在行驶途中进行射击。